U0348974

油棕抗寒研究

曹红星　周丽霞　雷新涛　编著

中国农业科学技术出版社

图书在版编目（CIP）数据

油棕抗寒研究 / 曹红星，周丽霞，雷新涛编著 . -- 北京：中国农业科学技术出版社，2021.12
ISBN 978-7-5116-5528-8

Ⅰ.①油…　Ⅱ.①曹…②周…③雷…　Ⅲ.①油棕 - 抗寒育种 - 研究　Ⅳ.① S565.903

中国版本图书馆 CIP 数据核字（2021）第 203656 号

责任编辑　王惟萍
责任校对　马广洋
责任印制　姜义伟　王思文

出 版 者　中国农业科学技术出版社
　　　　　北京市中关村南大街 12 号　邮编：100081
电　　话　（010）82106643（编辑室）　（010）82109704（发行部）
　　　　　（010）82109709（读者服务部）
传　　真　（010）82106643
网　　址　http://www.castp.cn
经 销 者　各地新华书店
印 刷 者　北京建宏印刷有限公司
成品尺寸　148 mm×210 mm　1/32
印　　张　5.875
字　　数　153 千字
版　　次　2021 年 12 月第 1 版　2021 年 12 月第 1 次印刷
定　　价　70.00 元

编　委　会

主　编　曹红星　周丽霞　雷新涛
副主编　李　睿　冯美利　刘艳菊
编　委　（按姓氏笔画排序）

冯美利（中国热带农业科学院椰子研究所）

刘艳菊（中国热带农业科学院椰子研究所）

李　睿（中国热带农业科学院椰子研究所）

杨耀东（中国热带农业科学院椰子研究所）

肖　勇（中国热带农业科学院椰子研究所）

金龙飞（中国热带农业科学院椰子研究所）

周丽霞（中国热带农业科学院椰子研究所）

赵志浩（中国热带农业科学院椰子研究所）

曹红星（中国热带农业科学院椰子研究所）

雷新涛（中国热带农业科学院椰子研究所）

前 言

　　油棕（*Elaeis guineensis* Jacq.）属棕榈科单子叶多年生木本油料作物，是目前世界上产油效率最高的油料植物，亩（1 亩 ≈ 667 m²，15 亩 =1 hm²，全书同。）产棕榈油 300 ～ 400 kg，被称为"世界油王"。在东南亚、西非和南美等地的 40 多个国家均有不同规模的商业化种植。

　　油棕原产于热带非洲，现广泛分布于南纬 10° ～北纬 15° 的亚非拉广大热带地区，性喜高温多湿的气候，日均温在 18 ℃以上才开始生长，最适宜生长发育的气温是 24 ～ 28 ℃。虽然油棕树在我国栽培成功，但由于我国热区位于北纬 18° ～ 24°，年均气温只有 19 ～ 24 ℃，尤其冬季月平均气温在 17 ～ 20 ℃，属于非传统油棕种植区，目前在我国仅能在海南、云南、广东、广西等少数地方种植。油棕作为典型的热带作物，对温度要求高，而我国地处热带北缘，冬季低温天气显著地影响油棕的生长和生殖器官的发育，最终导致败育减产。因此，低温寒害在很大程度上限制了油棕种植面积的推广和向北推移，已成为我国油棕种植业发展的主要瓶颈之一。

　　中国是全球最大的棕榈油消费国与进口国之一，我国油棕尚未产业化发展，完全依赖国际进口。目前，我国食用油供给形势非常严峻，自给率仅为 31%，远低于国际安全警戒线（50%）。2019 年我国进口棕榈油 755.2 万 t，占我国进口食用植物油总量 1 152.7 万 t 的 65.54%，占我国年度食用油消费总量 3 978 万 t 的 18.98%。棕榈油在食用油供给上发挥着重要作用，因此，大力发展油棕产业，在缓解我国食用植物油供给压力方面发挥着重要作用。

　　近年来，发展油棕产业已成为国家的战略性部署，国办发〔2010〕45 号文、〔2014〕68 号文、〔2016〕58 号文和琼府办

〔2015〕89号文都强调促进油棕等木本油料产业的发展。落实2021年中央一号文件"促进木本粮油和林下经济发展"和2021年3月政府工作报告"多措并举扩大油料生产"精神，扩大油棕在我国热区的种植面积，可为提高我国植物油自给率开辟新的途径。

为了推动我国油棕抗寒研究的发展，中国热带农业科学院椰子研究所组织科技人员编写了《油棕抗寒研究》一书，旨在为相关研究人员提供较为系统的参考依据。本书主要介绍油棕的起源与分布、抗寒研究背景和目标、抗寒区域性引种试种、国内外油棕抗寒研究进展、我国抗寒研究所取得的成果等，最后对油棕抗寒研究的现状及遇到的问题开展讨论，使读者能够了解世界及我国油棕在抗寒方面的研究现状和发展趋势，为培育适合在我国较大面积推广的抗寒油棕品种奠定基础。

第一章由曹红星、李睿撰写；第二章由周丽霞、雷新涛、赵志浩撰写；第三章由曹红星、刘艳菊、肖勇、杨耀东撰写；第四章由周丽霞、冯美利撰写；第五章由李睿、金龙飞撰写。全书由周丽霞、曹红星和李睿统稿。

本书在撰写过程中参考并引用了部分国内外公开发表的文献资料，为了全书的统一，笔者对有关参考文献和资料中的术语进行了规范化处理，对部分语句进行了审慎调整。在此，向有关作者表示衷心感谢。

尽管笔者进行了大量细致的撰写和修改工作，但由于时间仓促、资料不足及编者自身水平的限制，书中难免存在一些疏漏和不足，谨请有关专家、学者及科技人员不吝赐教并提出宝贵意见及建议，以期本书内容不断地得到充实与完善，从而为推动我国油棕产业的发展提供较为全面、科学的参考依据。

编著者

中国热带农业科学院椰子研究所

2021年5月

目　录

第一章 油棕简介

油棕（*Elaeis guineensis* Jacq.）属棕榈科油棕属多年生单子叶植物，含油率高达50%，是世界上产油效率最高的热带木本油料作物之一，油棕的种植面积在全世界的植物油作物中仅占8.32%，产量却占到了约42.30%，享有"世界油王"之称。其经济寿命20～30年，自然寿命可达100多年。其主要产品棕榈油和棕仁油除了供食用外，还可制造高级人造奶油、肥皂、工业防锈剂及润滑油等；副产品茎叶、果壳、油饼等还可作为原料生产活性炭、洗涤去污剂、化妆品及特种用纸等，用途非常广泛，在世界热带地区被广泛引种与栽培。目前世界油棕的种植面积2 000多万 hm^2，全球棕榈油产量达到8 000万 t，其中印度尼西亚和马来西亚占总产量的84%左右。棕榈油产量约占全球油脂产量的35%，是目前世界上生产量、消费量和国际贸易量最大的植物油品种，与大豆油、菜籽油并称为"世界三大植物油"，拥有超过5 000年的食用历史。

第一节 起源和分布

基于化石、历史和语言方面的考证表明，非洲油棕起源于非洲西海岸及刚果盆地热带雨林，美洲油棕起源于南美洲亚马孙河流域。

油棕的分布范围广泛，目前油棕主要集中种植在南北纬 10° 之间的热带雨林及其边缘的热带季雨林区内海拔 300 m 以下的低地，但在南北纬 20° 之间、海拔 1 500 m 以下的地区也有分散种植，包括亚洲的东南部，非洲的西部和中部，南美洲的北部和中部。目前世界上种植油棕的国家有 40 多个，主要生产国有马来西亚、印度尼西亚、尼日利亚、泰国、刚果（金）、科特迪瓦、喀麦隆、安哥拉、巴西、哥伦比亚、厄瓜多尔、哥斯达黎加、洪都拉斯、巴布亚新几内亚等国。20 世纪 20 年代中期，归国华侨从马来西亚携带油棕种子回国，在海南的那大、琼山等地试种。此后，又引种到云南河口、广东雷州半岛和广西北海等地试种。目前主要分布在海南、云南、广东、广西等地。

第二节　油棕栽培史

一、世界油棕栽培史

油棕最早种植于西非及赤道非洲，曾经在非洲大面积种植。1848 年油棕被引入东南亚，但直到 1917 年才进行第一次商业种植。到 20 世纪 70 年代初，亚洲取代了非洲成为世界上最大的油棕种植区。美洲和大洋洲的油棕种植业起步较晚。尽管早在 20 世纪初就以刚果、马来西亚和印度尼西亚为中心开始了油棕的商业化种植，但是直到 20 世纪 60 年代才开始大规模种植。目前，全世界43 个国家种植油棕，主要分布在亚洲、非洲、美洲和大洋洲，除马来西亚和印度尼西亚外，在亚洲的泰国、缅甸、老挝、菲律宾和中国等国也种植有一定数量的油棕；美洲的哥伦比亚、巴西、哥斯达黎加等国、大洋洲的巴布亚新几内亚和所罗门群岛也有少量生长；非洲的尼日利亚、刚果（金）、贝宁、喀麦隆等国也有种植。马来西亚、印度尼西亚、尼日利亚等3个国家的种植面积占世界总面积的80%，非洲与东南亚的采摘面积相差不大，但非洲油棕的种植水平较低，而东南亚由于大面积推广高产品种和相配套的栽培技术，其产量是非洲的7～8倍。

二、我国油棕栽培史

我国于1926年开始由东南亚引入种子，在海南的儋州、琼山、万宁和琼中等地试种。1941年以后又引种到云南河口、广东雷州半岛和广西北流等地试种。1960年开始正式栽培，并在海南进行了大规模种植，面积达 3.3 万 hm²。20 世纪 60 年代中期至 70 年代末，由于品种适应性较差和栽培管理水平低等因素的影响，种植面积逐年减少。20 世纪 80 年代，海南油棕植区开始选用良种、扩大新植、集约经营，油棕生产开始了新的发展，面积达到 333.3 hm² 左右。但 20 世纪 90 年代以后，种植面积逐步下降，仅为零星分布，大部分被作为绿化树种，植区已被其他作物取代。目前主要在海南、云南、广东、广西等地种植，随着我国对油棕产业的重视，通过引种试种工作的推进，油棕种植面积开始逐步扩大。

第三节　形态特征和生物学特性

油棕为直立乔木，高达 10 m 或更高，直径达 50 cm。叶多，羽状全裂，簇生于茎顶，羽片外向折叠，线状披针形，下部的退化成针刺状。花雌雄同株异序，雄花序由多个指状的穗状花序组成，

雌花序呈头状、密集；果实呈卵球形或倒卵球形；种子近球形或卵球形。

一、油棕形态特征

1. 根

根为须根系，由初生根、次生根、三级根和四级根组成。初生根和次生根是从胚根和下胚轴的连接处长出，主要起固定作用，尤其是向下伸展的可穿进很深土层的次生根；三级根和四级根，其主要起吸收营养作用（图1-1）。

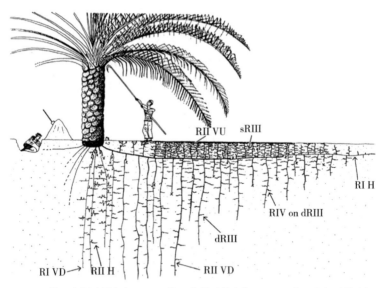

RI VD—第一主根（纵向）；RI H—第一主根（横向）；RII H—第二主根（横向）；
RII VD—第二主根（纵向）；dRIII—第三主根，RIV on dRIII—第四主根。

图1-1　油棕的根（Corley and Tinker，2016）

2. 茎

直立，不分枝，圆柱状，没有叶基包着的茎粗为20～80 cm，

一般年平均长高为 0.3 ～ 0.6 m
（图 1-2），茎高可达 10 m 以上。
茎具有支撑、疏导和储藏作用。

3. 叶

由叶柄、叶轴、小叶（羽
片）和刺组成（图 1-3）。叶片
呈螺旋状着生于茎部，长 4 ～
8 m，羽状全裂。每株成龄树有

图 1-2 油棕的茎（冯美利 拍摄）

40 ～ 60 片叶，每片成熟叶有 100 ～ 150 对小叶，小叶呈长线状披
针形，长 70 ～ 100 cm，宽 4 ～ 6 cm，着生于叶轴两侧，呈上下列
交替；叶柄有刺。叶片衰老后不易脱落，久留茎上。叶在茎轴上排
列的方式称为叶序。叶序呈螺旋线排列在茎干上，螺旋线分左旋和
右旋，每轮 8 片叶。

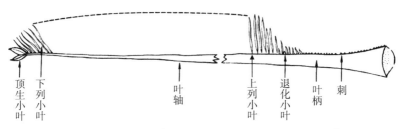

图 1-3 油棕的叶片结构（Corley and Tinker，2016）

4. 花

肉穗花序，雌雄同序，但其中 1 个常退化，故通常为雌雄同株
异序，少量出现雌雄混合花序。佛焰花序着生于叶腋，每 1 个叶腋
中可形成 1 个花序，但有些花序在萌生前就退化了。花序在生长前
期被内外 2 层佛焰苞片裹着，苞片从顶部往下纵裂而露出花序。雌

花序由许多小穗组成，每个小穗着生 6 ～ 40 朵雌花，呈螺旋状排
列于小穗上，雌花花被 6 片，子房三室，柱头三裂，每室均有 1 个
胚珠，受精后约 6 个月果穗成熟。雄花序由许多长 7 ～ 20 cm 的指
状小穗组成，每个小穗有 700 ～ 1 200 朵雄花。雄花先从小穗基部
开始开放，整个花序的雄花开放期通常在 2 ～ 3 天，每个花序的花
粉量 10 ～ 50 g（图 1-4）。

雌花序　　　　　　　　　　　雄花序

图 1-4　油棕花序（冯美利 拍摄）

5. 果穗

呈卵形，长 30 ～ 50 cm，宽 20 ～ 35 cm。果穗由果、果柄、
小穗柄和刺组成（图 1-5）。每串果穗有 500 ～ 4 000 个果。每穗重
7 ～ 20 kg，最重可达 50 kg 以上，与品种、树龄和栽培管理等因素
有关。每株每年可有 7 ～ 15 串果穗。

6. 果实

由外果皮、中果皮、内果皮和核仁组成。果实形状为近球形或
倒卵形，果实长 2 ～ 5 cm，果径 2 ～ 3 cm，果重 3 ～ 13 g。外果

皮光滑，海绵质，含油分，果皮颜色随着成熟度和品种的不同而变化，主要与色素比例的变化密切相关。中果皮又称果肉，纤维质，鲜果肉含油率在50%左右，可榨取棕油。内果皮又称核壳，由坚硬致密的石细胞组成，厚度为1～8 mm，成熟时呈黑褐色。核仁含有坚硬的含油胚乳层，胚乳为淡灰白色，富含油脂和蛋白质，鲜核仁含油率约为50%，可榨取棕仁油。

图1-5 结果的油棕树和果穗（李绍鹏、冯美利 拍摄）

7.种子

果实去除外果皮和中果皮后的坚果。种子近球形或卵形，由核壳（内果皮）、种皮和核仁组成。核壳上有3个孔，通常只有1个孔为发芽孔（图1-6）。种皮为暗棕色，具有网络状纤维，种仁含有坚硬的淡灰白色的胚乳和胚，胚镶于胚乳中，直立，大约3 mm，与发芽孔相对。种子重量一般取决于核壳的厚度和种仁的大小，主要与品种有关。

二、油棕生物学特性

1.油棕种质资源的分类

油棕种质资源类型根据其起源和分布，可分为非洲油棕

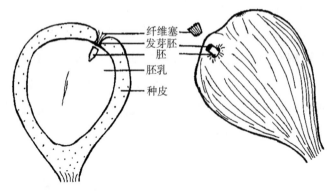

纤维塞
发芽胚
胚
胚乳
种皮

图 1-6 萌发初期解剖的半粒种子（Corley and Tinker，2016）

（*E. guineensis*）和美洲油棕（*E. oleifera*）两大资源类型。目前生产上以非洲油棕为主，根据果实的结构和含油量，非洲油棕分为厚壳种、薄壳种和无壳种 3 类，因薄壳种的含油量高，可正常繁育后代，在生产上栽培推广的品种都是薄壳种。在美洲油棕树群中，尚未发现薄壳和无壳类型的资源类型。栽培种在长期的自然和人为选择过程中形成了丰富多彩的种质资源。厚壳种、薄壳种和无壳种的主要特征如下（图 1-7）。

厚壳种（Dura）：其特征是壳厚、仁大、肉薄。一般核壳厚 2 ～ 8.5 mm，占果实重的 25% ～ 55%，果穗大而重，含油量低，仅占果重的 13% ～ 19%。

无壳种（Pisfera）：果实小，无核壳，果肉约占果重的 95%。无栽培价值，但在育种上用作父本和厚壳种进行杂交产生薄壳种。

薄壳种（Tenera）：其特征是核壳薄。一般壳厚 0.5 ～ 4 mm，占果重的 5% ～ 20%。果肉厚薄不一，在 3 ～ 10 mm，占果重的 60% ～ 95%。果穗比厚壳种小，果穗产量高，其含油率为 22% ～ 24%。现生产上推广的品种主要是薄壳种。

厚壳种　　　　　　　薄壳种　　　　　　　无壳种

图1-7　不同果实类型（冯美利 拍摄）

油棕不同种质资源在植株、叶片、花序、果实和种子等方面均具有一定的差异。根据花序雌雄花性别，分为雌花序、雄花序和两性花序（图1-8）；按雌花序的心皮数，可以分为三心皮雌花序、三心皮和四心皮混合雌花序（图1-9）。

三心皮雌花序　　　　三心皮和四心皮混合雌花序

图1-8　两性花序
（李元元 拍摄）　　　**图1-9　花序的心皮数（李元元 拍摄）**

2.油棕对环境适应性

油棕属喜光植物，充足的阳光对油棕生长和果穗产量是很重

要的。一般每日平均在 5 h 以上日照情况下油棕生长较好，雌花序分化多，产量较高，而荫蔽环境下的油棕，其生长和净同化率都较少，雌花序数量也少。

油棕是典型的热带多年生作物，性喜高温多湿的气候。温度是限制油棕分布和产量高低的主要因素。日均温在 18 ℃以上才开始生长，最适宜生长发育的气温是 24～27 ℃，平均最高温度为 29～33 ℃，平均最低温度为 22～24 ℃；月均温在 22～23 ℃需有 7～8 个月才能正常开花结果。当气温低于 18 ℃时，油棕生长显著延缓，果实发育不良；当气温低于 12 ℃时，几乎生长停止；当温度降至 5～8 ℃以下并持续数天之久时，各树龄油棕均会出现不同程度的寒害，具体表现为：嫩叶出现冻斑、冻块和叶缘干枯死。当气温降至 3 ℃，并连续 7 天有霜时，成龄油棕约 0.2% 会出现冻死的情况，56% 植株叶片严重冻坏，败坏越冬果穗约占 62%。

油棕喜高温多雨，水分不仅影响油棕的生长发育，也是干旱条件下限制油棕产量的主要因子。要求年降水量 1 500 mm 以上，且季节分配均匀，以年降水量 2 000～2 500 mm 最为适宜；年降水量 1 300～1 700 mm，分布不均匀，有明显的干旱期，则对油棕的抽叶数有明显的影响。当空气相对湿度为 30%～34% 时，油棕生长减弱，当空气相对湿度低于 30%，油棕生长就可能停止。但降水量太多和相对湿度过大，会影响蒸腾作用，幼龄油棕的生长可能会受到严重抑制，叶片变黄而萎蔫，成龄油棕会引起果穗腐烂过多和果实占果穗比率小的现象。

油棕对土壤的适应性较广，且其对地形要求不高，丘陵、山地都可以种植，较适宜在 pH 值 5.0～5.5、土层深厚、质地疏松而富含有机质的壤土和保水力强且排水良好的砖红壤土上种植，以排水好和稍带酸性的冲积土、沙壤土或壤土最为理想。最忌干旱、易积水和瘦瘠的土壤。

海拔高度在很大程度上取决于纬度的高低。目前油棕主要集中种植在南北纬10°之间的热带雨林及其边缘的热带季雨林区内海拔300 m以下的低地，但在南北纬20°之间、海拔1 500 m以下的地区也有分散种植。在高海拔的地区种植，主要是冬季低温对油棕生长发育的影响很大，随着耐寒品种的培育，油棕有望在更高纬度或海拔地区种植。现油棕在我国北纬20°的海南及北纬21°、海拔634 m的云南均已成功引种栽培并获得较好的产量，在亚洲、非洲北纬25°种植也已获得成功。

风是油棕花粉的主要传播媒介之一，微风有利于花粉的传播。但台风对油棕的生长发育有很大的影响。台风会使油棕的小叶破碎，叶片折断，心叶扭伤，树干吹斜，甚至裂伤生长点而致树冠断落，影响翌年的花苞数量、果穗产量和果穗的出油率。因此，选择避风或靠近林带有效防护范围内的环境种植是油棕高产的条件之一，尤其是在我国海南，经常有台风出现，较大面积的油棕栽培更要注意营造防护林，以减轻强风的危害。

3. 油棕的繁育和栽培特性

油棕生产上种苗的繁育主要有油棕种子种苗繁育和组织培养繁育法。为保持杂种优势，油棕通常采用杂交制种获得种果后，再进行种子种苗的繁育。

油棕种子种苗繁育一般从制种园中选择12年以上、抗逆性强的健康母树进行选种，通过种子处理、催芽、播种、育苗等阶段，加强苗期的抚育管理和出圃时优良种苗的筛选等阶段，繁育种苗。

油棕组织培养繁育法利用成熟和未成熟的胚、茎尖、胚性细胞

悬浮培养、胚性愈伤组织以及来自幼苗、根、花序和幼叶的愈伤组织，但除了胚、花序和叶片外，其他外植体的再生效率低。目前利用叶片为外植体进行培养，已成为油棕种苗繁育的重要途径。

油棕园选择排灌良好、土壤肥沃，地势平缓、坡度不超过20°、完整成（连）片的地块。根据油棕品种的株型特点、立地环境和气候条件等不同，种植株行距为（8～9）m×（8～9）m，种植油棕 123～156 株 /hm²，三角形种植。人工挖的植穴规格为 80 cm×70 cm×60 cm；用挖掘机挖的植穴规格为 1.2 m×1.2 m×1.2 m。在定植前 1 个月，每穴施入腐熟的有机肥 50 kg 和 500 g 复合肥（N∶P∶K=15∶15∶15）作基肥。

油棕种苗培育 1 年后，选择规格达到 10～19 片叶、小叶对数 17～25 对、自然高度 80～180 cm、病虫害为害率 ≤ 5%、畸形苗率 ≤ 8% 的种苗，炼苗 1 周后即可定植。最佳定值月份、天气、时间分别为 9—10 月、阴天和小雨天、10:00 前或 16:00 后。定植时，划破苗袋底塑料膜，置于植穴中，把塑料袋拉至露出土柱后，回土并轻轻压实，再将余下的塑料袋拉出，继续回土压实。定植深度以盖过原袋土表面 1～2 cm。定植后 3 个月之内，每 2 天浇 1 次水，3 个月后可逐渐减少浇水次数，条件允许则可推行水肥一体化。定植后第 2 年开始施肥，每株每年至少施 30 kg 腐熟的有机肥。在油棕苗四周 1.5 m 以内扩穴除草。随着树形和扩穴范围不断扩大。若发生叶斑病，可用 75% 百菌清可湿性粉剂 800 倍液或 80% 代森锰锌可湿性粉剂 400～800 倍液，喷 3～4 次。

生产期抚育管理中，油棕在 6—7 月和 9—10 月大量结果时会需要大量水分。每株每年至少施 100 kg 有机肥，化肥施用量比例为 N∶P∶K=1∶1.04∶1.38。在 3—4 月或秋冬 11 月结合施肥进行，在离树头 1.5～2 m 的地方，为避免过量伤根，也可分年度环形轮换进行。每株保留 40～50 片。雨季末期开始进行割叶，用割叶铲，留叶桩长 12～20 cm，切口宜平滑，向外倾斜，叶柄痕呈倒三角形。每年 2～3 次，低温阴雨期间严禁割叶。油棕主要病害为茎基腐病和炭疽病等，虫害主要为二犀犀甲、红棕象甲和红脉穗螟等。

4. 油棕果实采收及营养成分

油棕一般定植后 2.5 年至 3 年开花结果，目前培育出的新品种定植后 18 个月就可以陆续进入开花结果期。油棕果穗上的果实成熟期不完全一致，收获未成熟的或者过期的果穗，都会影响棕油的产量和质量。未熟果实的含油量较低，过熟果实出的棕油内游离脂肪酸含量较高，易酸败。一般果穗在受粉后 5.5～6 个月成熟，黑果型品种的果实成熟时，其黑色外果皮转为橙红色，且中果皮为橙色；绿果型品种的绿色外果皮颜色转为橙红色，且中果皮为橙色；或每果穗有 1～2 果粒脱落可认为成熟。

果穗采收工具主要有斧头、弯刀（长柄弯刀）、铲刀、机械割果机、履带式拖拉机或轮式拖拉机上的载人起重臂进行收获。收获后的果穗应在 24 h 内运到加工厂。

油棕用途广泛，经济价值高，其主要产品是从果肉压榨出的棕榈油和从果仁中压榨出的棕榈仁油。以棕榈油为主，棕仁油仅占棕榈油产量 10%～13%。

棕榈油含有 50% 的饱和脂肪酸，主要是棕榈酸（C16）和油酸（C18）2 种脂肪酸，除脂肪酸外，天然维生素、甾醇、磷脂、三萜烯醇、脂肪醇构成了棕榈油的次要组分，占棕榈油组分含量的 1%，对于棕榈油的营养价值、稳定性及精炼都有非常重要的作用。粗棕榈油中含有 500～700 mg/L 类胡萝卜素，其中 β-胡萝

卜素和 α - 胡萝卜素占 80%，而也正是大量的胡萝卜素才使粗棕榈油呈亮黄色甚至深红棕色。粗棕榈油中的维生素 E 类则主要是 γ - 三烯生育酚、α - 三烯生育酚和 α - 生育酚，其中三烯生育酚含量高达 600 ～ 1 000 mg/L。粗棕榈油中也含有丰富的维生素 A，含量为 500 ～ 700 mg/L。这些天然抗氧化剂使棕榈油具有很好的抗氧化功能。

棕榈油不仅可以用于调和油，还在食品工业中可广泛作为起酥油、人造奶油、氢化棕榈油、煎炸用油（烹调、面包、饼干、方便面、煎炸面饼等的煎炸）、专用油脂（生产糖果、巧克力类食品）、婴幼儿配方奶粉等。在化工方面，用于皂类、橡胶加工、蜡烛、蜡笔和化妆品的生产。在能源应用方面，棕榈油生产成本低，欧洲一些国家、马来西亚、印度尼西亚及中国的企业利用棕榈油作为制造生物燃油的原料。棕榈油之所以在上述方面被广泛应用，因其具有不需经过氢化可以直接使用、不易氧化变质、价格低、含有大量的不饱和脂肪酸、塑化范围宽和重结晶慢等特点。

棕仁油主要含有中链脂肪酸月桂酸（C12），中链脂肪酸，可迅速吸收，其次为肉豆蔻酸、油酸和棕榈酸等。在食品工业、制皂工业、护理保健、软饮料、人造奶油、起酥油、糖果等方面也广泛应用；利用油脂中含有大量的亚油酸和三烯生育酚，提高神经细胞活性，用作保健品的原料。

第四节　主要抗寒品种

1. AA Hybrida IS

马来西亚地处热带，位于赤道附近，属于热带雨林气候和热带季风气候，无四季之分，年温差变化极小，平均温度在 26 ～ 30 ℃、全年雨量充沛，在油棕种植上有着得天独厚的自然条件，也因此油棕育种方向集中于高产、品质、早熟、矮化、抗病虫害等方面，对于油棕抗寒品种的需求相对较小。但该地区偶尔也会遭遇短暂的低温小气候，为此培育了一些可以应对此类短暂环境冲击的品种。

AA-Hybrida IS 是由马来西亚应用农业资源私人有限公司选育的（图 1-10），由 Deli 厚壳种无性系和 Yangambi AVROS 无壳种杂交获得。主要特征为株型矮壮，生长势强，产量较高，具有来自 Yangambi AVROS 品种的高枝条数量的性状，可以缓冲短时间的温度变化。

图 1-10　AA Hybrida IS

（http://www.aarsb.com.my/tomorrow_oil palm_today）

2. 文油 4 号

中国热带农业科学院椰子研究所选育的优系，由 Compact ×

Nigeria 杂交育成，具有耐低光照、耐寒、耐旱的优良特性（图1-11）。该品种果粒中等（9 ～ 11 g），果串中等（18 ～ 22 kg），果实含油率40.3%，果串含油率28% ～ 30%，树干年生长量40 ～ 45 cm，叶片长度6.6 ～ 6.9 m；抗寒性较强，在海南、云南和广西等地的区域试种中未表现出寒害症状，生长状况良好。

3. 巴门达

巴门达品种为 Bamenda × Ekona 杂交选育获得（图 1-12），其母本 Bamenda 是从喀麦隆巴门达地区（海拔约 1 200 m）的高原野生材料中选育获得；其父本 Ekona 同样源自喀麦隆，1970 年引进哥斯达黎加。

该品种果粒较小（6 g），含油量适中，对低温和干旱具有较好抗性，因此经常被种植在海拔 1 000 m 以上的地区。此外，该品种对芽腐病、萎蔫病和冠腐病表现出良好的耐受性。

图 1-11　文油 4 号（冯美利 拍摄）

图 1-12　巴门达

（http://www.asd-cr.com/index.php/es/productos-y-servicios/semillas/12-bamenda-x-ekona-variedad-especial）

4. Kigoma

Kigoma 品种由 Tanzania × Ekona 杂交育成（图 1-13）。其母本 Tanzania 是从哥斯达黎加维多利亚湖附近的坦桑尼亚高地（海拔 800 ~ 1 000 m）的野生种质中选育获得；其父本 Ekona 源自喀麦隆。该品种果穗含油量高，果粒中等（8 g），有大的内核和非常薄的外壳，对干旱和低温具有良好耐受性，适宜种植于在海拔 1 000 m 的乌干达、赞比亚和坦桑尼亚的种植园中。它比普通品种早熟，也表现出一定程度的芽腐病抗性。

5. Themba

Themba 品种由 Deli × Ghana 杂交育成（图 1-14）。其母本 Deli 是从非洲引种至印度尼西亚苏门答腊岛，1970 年前后由印度尼西亚育种机构引种至哥斯达黎加；其父本 Ghana 来自加纳从尼日利亚的野生种质中选育的杂交群体。

图 1-13 Kigoma
（http://www.asd-cr.com/index.php/es/productos-y-servicios/semillas/11-tanzania-x-ekona-variedad-especial）

图 1-14 Themba
（http://www.asd-cr.com/index.php/es/productos-y-servicios/semillas/7-deli-x-ghana）

Themba 品种生长速度中等，叶片相对较短，果粒大（12 g），产量高。该品种的突出优点是其抗性强，在诸多种植环境中表现均较好，包括对油棕种植而言，年缺水量高达 300 mm 的干旱地区、光照不良的地区和气温相对较低的高地，并对冠腐病和萎蔫病具有抗性。

6. Spring

Spring 品种由 Deli × Nigeria 杂交育成（图 1-15）。其母本 Deli 是从非洲引种至印度尼西亚，后引种至哥斯达黎加；其父本 Nigeria 来自尼日利亚的野生种质。Spring 油棕的生长速度中等，叶片长度中等，按照 143 棵 /hm² 的常规密度种植。该品种果粒中等（10 g）。Spring 是一个非常早熟的品种，具有一定抗寒能力，在水肥条件良好的情况下，其鲜果产量可从第 3 年起超过 30 t/hm²。

7. Cross group 131

该品种由 Deli × Aba 杂交育成（图 1-16）。其父本 Aba 源自尼

图 1-15　Spring
（http://www.asd-cr.com/index.php/es/productos-
y-servicios/semillas/8-deli-x-nigeria）

图 1-16　Cross group 131
（冯美利 拍摄）

日利亚油棕研究中心选育的优系，后经加纳油棕研究中心继续选育获得。Cross group 131 生长速度相对较低，叶片长度中等，果粒中等（9～11 g），鲜果产量约为 22 t/hm^2。具有对干旱和寒冷的抗性，也对萎蔫病具有一定抗性。

参 考 文 献

曹红星，2016. 油棕栽培技术 [M]. 北京：中国农业出版社 .

曹红星，2019-12-27. 油棕种苗繁育技术规程：NY/T 3519—2019[P].

曹红星，周丽霞，冯美利，2019. 油棕种质资源描述规范 [M]. 北京：中国农业出版社 .

冯美利，曾鹏，刘立云，2006. 海南发展油棕概况与前景 [J]. 广西热带农业 (4)：37-38.

林位夫，曾宪海，2014. 我国油棕创新研究与发展建议 [J]. 产业发展，6(61)：4-8.

林位夫，曾宪海，张希才，2010. 中国油棕种植利用现状及其发展前景分析 [M]. 北京：中国农业科学技术出版社 .

刘艳菊，曹红星，2015. 棕榈科植物抗寒、抗旱生理生化研究进展 [J]. 中国农学通报，31(22)：46-50.

石鹏，曹红星，金龙飞，2020. 油棕分子育种 [M]. 北京：中国农业出版社 .

王开玺，杨创平，罗石英，等，1992. 海南岛作物 (植物) 种质资源考察文集 [M]. 北京：中国农业出版社 .

位明明，李维国，高新生，等，2015. 中国热带作物抗寒育种研究进展与展望 [J]. 热带作物学报，36(4)：821-828.

熊惠波, 曹红星, 孙程旭, 等, 2010. 油棕育种的研究进展和展望 [J]. 中国农学通报, 26(2): 277-279.

姚行成, 曾宪海, 林位夫, 2012. 简易高效油棕杂交方法研究 [J]. 广东农业科学 (13): 33-34.

姚行成, 曾宪海, 林位夫, 2012. 油棕无壳种种子催芽育苗方法研究 [J]. 广东农业科学 (22): 38-39.

COCHARD B, ADON B, REKIMA S, et al., 2009. Geographic and genetic structure of African oil palm diversity suggests new approaches to breeding[J]. Tree Genet Genomes, 5: 493-504.

CORLEY R, TINKER P B, 2016. The oil palm[M]. 5th ed. Chichester: Blackwell Science Ltd.

WAHID M B, MAY C Y, WENG C K, 2011. Further advances in oil palm research (2000–2001)[J]. Malaysian Palm Oil Board, 1: 102-109.

XIONG H B, CAO H X, SUN C X, et al., 2010. The progress and prospects of oil palm breeding[J]. Chinese Agricultural Science Bulletin, 26(2): 277-279.

第二章 油棕抗寒研究背景和目标

第一节 研究背景和意义

低温是影响植物生长发育、地理分布和引种试种的重要因素，同时也是一种自然灾害。据统计，全球每年因低温灾害造成的农林作物损失高达数千亿元。随着全球气候变暖带来的极端天气频发，这一损失甚至还会增加，如1954—1955年我国植胶区遭受了第一次严重寒害，粤西、桂南地区冬季出现0℃以下的低温，造成粤西植胶区约80%和桂南植胶区约95%的橡胶幼树、幼苗严重受损。1967—1968年冬季，我国植胶区再次遭受大规模寒流侵袭，广东、广西植胶区出现长达26～28天的低温阴湿天气，使广东、广西植胶区遭受最为严重的平流型寒害。其中粤西垦区1960年以后大量种植的PB86、PRl07品系4～6级受害率达70%～80%，广西植胶区除火光、荣光农场外，1960年后定植的胶树4～6级寒害几乎为100%。如1991—1992年的冬春特强寒流入侵，仅广东省就有10.7万hm²香蕉受灾，严重受灾面积达8.7万hm²，其中冻死面积为0.4万hm²，占该省香蕉面积的37%，直接经济损失达18亿元人民币。2007—2008年，中国华南地区再次遭受冬春持续低温雨雪天气的侵袭，造成广西6.6万hm²香蕉受灾，占广西当年香蕉栽培

面积的 97%。2008 年初的我国低温大寒潮中，仅广西的甘蔗受灾面积高达 70 万 hm²，因灾减产 400 万 t，蔗糖工业直接经济损失 45 亿元以上。2013 年寒害再次侵袭云南，使得云南省甘蔗受灾面积达 6.67 万 hm²，导致食糖减产 13 万 t 左右。因此，低温寒害已经成为制约我国作物产业健康发展的主要因素之一，积极开展作物抗寒高产育种研究，选育抗寒高产优良品种是中国作物产业发展的根本保障。到目前为止，关于植物抗寒性的研究报道很多，抗寒研究主要围绕着蔬菜、果树等园艺资源和大田作物资源等开展，在对植物抗寒能力的研究中发现，在寒冷或过冷的环境中，植物的内部代谢、生理生化途径、物质转换均发生变化。

植物抗寒性研究始于 1830 年，主要集中在植物细胞形态结构、生理、生物化学变化等方面。对植物的抗寒分子机理认识不够，提高植物抗寒性主要依靠传统育种方法，虽然取得了一些进展，但由于其周期长且工作繁琐，已不适应现代农业的发展要求。1970 年相关研究小组首次提出植物抗寒性诱导过程中基因表达改变的观点，随着分子生物学技术的发展和渗透，1985 年低温改变菠菜基因的表达方式首次被报道。近年来，随着对植物抗寒分子机理研究的不断深入和分子生物学技术的迅猛发展，抗寒研究已经从生理水平深入到分子水平，并大大促进了植物抗寒基因工程的发展。此外，近期研究表明，高山植物因其独特的形态和解剖结构而更耐低温。冷驯化过程研究也发现，植物通过根、茎、叶的形态、解剖结构及超微结构改变，保护性物质含量增加来适应低温。低温下植物的光合作用过程一直是研究的焦点，目前的研究认为光合作用通过非气孔调节和光保护机制来适应低温。另外，在低温条件下不同生理过程之间及多种胁迫之间的联系也得到重视。研究表明，水分状态会影响植物低温下的光合适应。冷驯化增加植物对低温的耐受力的同时也增加了对病原体的抵抗力。但是目前研究的主要目标种相对单一，室内模拟低温与野外试验结果往往存在不一致的现象，这些仍有待今后深入研究。

系统全面了解植物抗寒性研究的相关信息不仅可以揭示植物对低温环境的适应机制，有助于了解低温环境对植物分布的影响，而且对指导农林业生产实践、合理的引种、育种及栽培管理，减少自然灾害造成的损失也具有十分重要的意义。

第二节 抗寒研究目标

一、抗寒研究基础

（一）我国抗寒油棕种质资源收集及保存基础

中国热带农业科学院椰子研究所油棕种质资源圃建于 2010 年，位于海南省文昌市，东经 110°45′，北纬 19°31′，海拔 50 m 以下，年平均温度为 23.9 ℃，年平均日照为 1 953.8 h，年太阳辐射总能量为 108.8 ～ 115.0 kcal/cm^2；常年降水量为 1 721.6 mm；土质属于沙壤土，pH 值 5.5 ～ 5.8；气象、土壤条件适合油棕的生长。种质圃总面积为 90 亩，入圃保存 91 份种质，其中抗寒种质有 45 份。中国热带农业科学院椰子研究所于 2015 年从尼日利亚、哥斯达黎加等国新引入 9 份油棕抗寒种质，其中 8 份是抗寒品种，具体信息如下。

1. CN 优株

树干年生长量 40 ～ 45 cm，叶片长度 6.6 ～ 6.9 m，果串中等

（18 ～ 22 kg），果粒中等（9 ～ 11 g），果串含油率 28% ～ 30%，对低光照、低温和干旱的抗性中等。

2. DN 优株

树干年生长量 50 ～ 55 cm，叶片长度 7.6 ～ 8.0 m，果串较大（> 22 kg），果粒中等（9 ～ 11 g），果串含油率 28% ～ 30%，对低光照、低温和干旱的抗性中等。

3. DG 优株

树干年生长量 55 ～ 60 cm，叶片长度 7.0 ～ 7.3 m，果串较大（> 22 kg），果粒中等（9 ～ 11 g），果串含油率 28% ～ 30%，耐低光照、耐寒、耐旱。

4. BE 优株

树干年生长量 45 ～ 50 cm，叶片长度 7.6 ～ 8.0 m，果串中等（18 ～ 22 kg），果粒较小（< 9 g），果串含油率 28%，耐低光照、耐寒、耐旱。

5. TE 优株

树干年生长量 50 ～ 55 cm，叶片长度 7.6 ～ 8.0 m，果串中等（18 ～ 22 kg），果粒较小（< 9 g），果串含油率 26% ～ 28%，非常耐寒，对低光照和干旱的抗性中等。

6. CA 优株

果串中等（10.27 kg/ 串），果肉占整个果实的比例高达 85.98%，果串含油率 33.87%，每年产油量高达 8.30 t/hm²，高产、抗寒。

7. GH 优株

果串中等（11.58 kg/ 串），果肉占整个果实的比例高达 81.03%，果串含油率 31.3%，每年产油量高达 8.82 t/hm²，高产、抗寒。

8. N 优株

种子为厚壳，果串中等（10 ～ 11 kg/ 串），果串含油率 20% ～ 22%，高产、茎生长的速度慢，抗寒，抗枯萎病，早熟性。

（二）植物抗寒生理生化研究基础

1. 膜系统与植物的抗寒性

植物膜系统与其抗寒性紧密相关，从一定意义上讲，细胞的基本骨架是一个生物膜系统。生物膜是植物细胞的物质和能量合成、分解及转运过程中必不可少的部分，它的结构、性质及成分的变化，都直接或间接影响细胞的物质及能量代谢。

质膜首先接收外界刺激，然后通过一系列的反应，引起细胞发生一系列生理生化反应，并且质膜的组成成分与其抗寒性有密切联系。相关研究学者提出的"膜脂相变"学说认为，当植物遭受低温伤害时，生物膜首先发生膜脂物相的变化，由刚开始的液晶相变为凝胶相，膜脂上的脂肪酸链也由无序排列变成了有序排列，膜的外形和厚度同时发生变化，继而膜上产生龟裂，导致膜的透性增大、膜结合酶的结构改变，从而导致细胞生理生化代谢的变化和功能的紊乱。沈漫等的研究表明，绿豆细胞膜系存在 2 个相变温度：28 ℃、15 ℃。膜脂共存在 3 个状态：液晶态、液晶和凝胶混合态和以凝胶占绝对优势数量的状态。

2. 细胞抗氧化系统与植物的抗寒性

细胞抗氧化途径是细胞抗寒生理生化重要途径之一。相关研究学者于 1969 年首次在牛血红细胞中发现了超氧化物歧化酶（superoxide dismutase，SOD），提出了氧中毒的 O_2^- 理论。从此以后，生物氧自由基代谢及其生理作用受到广泛重视。生物氧自由基是通过生物体自身代谢产生的一类自由基，主要指活性氧（active

oxygen species，AOS）。活性氧是分子氧部分还原后具有高度化学活性的一系列产物，包括超氧阴离子（superoxide anion，O_2^-）、过氧化氢（hydrogen peroxide，H_2O_2）、羟自由基（hydroxylradical，OH）和单线态氧（singlet oxygen，$^1O_2$）等。

由于 AOS 在生物体内的性质极为活泼，在正常情况下细胞内 AOS 的产生与清除处于一种动态的平衡状态。一旦 AOS 清除系统受损，活性氧代谢失调，浓度超过正常水平时，积累过量，即对细胞形成氧化胁迫。活性氧胁迫导致冷害的发生，已在柑橘和青椒等植物中得到证实。

3. 细胞渗透调节物质与植物的抗寒性

渗透调节（osmotic adjustment）是植物适应逆境的一种主要方式。干旱、高盐和低温等多种逆境，都会造成植物不同程度的脱水，直接或间接影响植物细胞内渗透势的变化，形成渗透胁迫。

参与渗透调节的物质大致可分为 2 类：一类是细胞内的各种无机离子，如 Ca^{2+}、Mg^{2+}、K^+、Cl^- 和 NO_3^- 等；一类是在细胞内的有机物质，如脯氨酸、甜菜碱和可溶性糖等。其中可溶性蛋白、可溶性糖和脯氨酸是植物体内的几种重要渗透调节物质。脯氨酸是重要的抗寒保护性物质，其含量的增加有利于植物抗寒性的提高。可溶性糖作为一种常见的渗透调节因子，它的积累可以增加细胞的保水能力，调节细胞渗透势。多数研究认为，低温锻炼或低温胁迫引起可溶性蛋白质的增加，可溶性蛋白质含量与抗寒性呈正相关。

4. 植物生长物质与植物的抗寒性

植物生长物质（plant growth substance）在植物逆境适应过程中起着重要的作用，特别是脱落酸（abscisic acid，ABA）、赤霉

素（gibberellins，GA）、多胺（polyamine，PA）等内源生长物质和
PP$_{333}$等人工合成的植物生长调节剂（plant growth regulator）。

在 ABA 与植物抗寒性的关系研究中发现，在油菜、烟草、玉
米、番茄、马铃薯和水稻等植物在低温锻炼过程中，游离 ABA 含
量明显增加。外源 ABA 和 PP$_{333}$处理，柑橘叶片内源 ABA 含量增
加，GA 含量降低，ABA/GA 增大，这可能是抗寒锻炼使柑橘抗寒
力提高的内在机理。外施 PP$_{333}$能提高柑橘原生质体的抗寒性。在
柑橘的越冬期喷施 PP$_{333}$，发现其抗寒性增强。

（三）植物抗寒的分子机理研究基础

随着分子生物学和生物技术的迅速发展以及对模式植物抗寒机
理研究的深入，人们对植物抗寒性的研究逐渐由生理生化的层面，
走向更微观的分子水平。

当外界温度降低时，植物感受低温信号，引起许多基因表达
的变化。近年来，利用包括基因芯片、基因表达系列分析（serial
analysis of gene expression，SAGE）、蛋白组学在内的各种手段，已
从拟南芥、油菜、苜蓿、菠菜、马铃薯、小麦、大麦等多种植物中
鉴定出许多冷诱导基因。如拟南芥中的 *kinl*、*cor*6.6/*kin2*、*cor*15a、
*cot*47/*rdl*7、*cor*78/*RD29A*/*lti*78 和 *erd*10，油菜中的 *Bn*28 和 *BnI*15，
小麦中的 *wcsl*20 和 *wcs*200 等。

现在已经鉴定得到 300 多种胁迫诱导的基因。其中很多基因不
只响应一种胁迫，而是响应多种胁迫。如 10% 干旱诱导的基因也
被冷胁迫诱导。从整体上划分，这些基因可以归属到 2 个大的反应
途径，即 ABA 依赖的途径与非 ABA 依赖的途径。下面将对两条
胁迫途径及其相关基因进行详细论述。

1. 依赖 ABA 的低温应答途径

ABA 主要在种子休眠、萌发、气孔关闭及干旱、低温、离子渗透等非生物胁迫应答中起重要的调控作用。同时，ABA 信号转导途径和生物胁迫信号途径之间存在明显的重叠区和交叉点，在植物生物胁迫应答过程中也起着十分重要的调控作用。

植物激素 ABA 的信号转导极其复杂，拟南芥中受 ABA 调控的基因超过 1 300 个。此外，ABA 还在转录后水平上调控某些蛋白质的活性，这种作用包括水解蛋白以及通过 RNA 结合蛋白调控特异 mRNA 的翻译等。拟南芥和水稻在 ABA 和各种非生物逆境胁迫处理之后有 5%～10% 的基因表达水平产生了变化。其中有 50% 的基因在 ABA 和各种胁迫处理后表达都发生了变化。这个结果表明，由 ABA 诱导表达的基因同时也会受各种非生物逆境胁迫的诱导。

ABA 依赖的低温应答基因可分为两类。一类是低温诱导依赖于 ABA 的存在，它们的低温表达是通过 ABA 介导的信号转导途径完成的，如拟南芥 *rabl*8 基因；另一类基因受低温和 ABA 的共同控制，它们本身有一定表达，而 ABA 处理能够增强这些基因的表达，如拟南芥的 *cor*6.6、*cor*47 和 *pHH*28 基因。

（1）AREB/ABF-ABRE 途径。ABA 依赖型是指表达依赖于内源 ABA 的积累或外源 ABA 的处理。很多 ABA 诱导的基因启动子上含有一个保守的顺式作用元件，叫作 ABRE（ABA-responsive element；PyACGTGGC），首先在小麦的 *Em* 基因及水稻的 *RAB*16 基因中分离得到。这种很多胁迫诱导基因所含有的保守元件 G-box（CACGTGGC）很相似。

目前，ABRE 已被发现存在于很多 ABA 应答的 COR 基因中，如拟南芥 CORl5A 及 RD29A 基因。但是光有一份 ABRE 对于 ABA 应答的转录还是不够的，还需要一份"耦合元件"（coupling element，CE）或另一份 ABRE 协同作用。如大麦中 HVA1 及 HVA22 基因需要 CEl 及 CE3，拟南芥中的 RD29B 则含有 2 份 ABRE。

与 ABRE 结合的转录因子是一类碱性亮氨酸拉链（basic leucine zipper，bZIP）类转录因子。被称为 ABRE 结合蛋白（ABRE-binding proteins，ABEB）或 ABRE 结合因子（ABRE-binding factors，ABF）。在拟南芥中发现 14 个 AREB 亚家族同源 bZIP 类转录因子，它们都含有 3 个 N 端（Cl、C2、C3）和 1 个 C 端（C4）的保守结构域。大多数 AREB 亚家族蛋白都在植物组织或种子中参与 ABA 应答的信号转导途径，如拟南芥的 ABEBl/ ABF2、AREB2/ABF4、ABF3 在植物组织中而不在种子中表达，而 ABI5 及 EEL 在种子成熟和 / 或萌发时表达。

过量表达 ABF3 及 AREB2/ABF4 导致一些下游 ABA 应答基因的表达。如 LEA 基因（RD29B，rab18）、细胞周期调节基因（ICK1）、蛋白磷酸化酶 2C 基因（ABI1，ABI2）等，说明 AREB/ ABF 在植物中参与 ABA 及胁迫应答。而 ABEBl/ABF2 则是葡萄糖信号途径的一个必需的组成成分，它过量表达也会增加植物抗逆性。最近的研究表明，拟南芥 SnRK2.2/SRK2D 和 SnRK2.3/SRK2I 蛋白激酶可以促使 AREB/ABF 磷酸化，从而激活其下游 ABA 诱导基因的表达。

（2）依赖 ABA 的其他途径。在 ABA 依赖的表达途径中，并不是所有的胁迫诱导基因都含有 ABRE 类似元件，如 RD22 就不存在 ABRE。除了前面所述的途径，还存在 ABA 依赖但不直接作用

的途径。在 *RD*22 的启动子上有 2 个重要的顺式作用元件：MYC 结合位点和 MYB 结合位点。ABA 并不直接诱导 *RD*22 的表达，而是需要合成新的蛋白质（*MYC* 及 *MYB* 类转录因子）来识别这两个位点，拟南芥中是 *AtMYC*2（*RD*22BP1）和 *AtMYB*2。这 2 个转录因子在内源 ABA 积累后才开始表达。

2. 非 ABA 依赖的低温应答途径

非 ABA 依赖的低温应答途径是另外一条非常重要的胁迫反应途径，其中又可分为以下途径。

（1）CBF 途径。很多抗逆境相关基因的启动子上，存在 CRT/DRE（C-repeat/drought responsive element）元件，特异识别 CRT/DRE 元件的转录因子叫作 *CBF/DREB*1（C-repeat binding factor/DRE binding protein 1）、*DREB*2。*CBF/DREB*1 的表达受低温诱导而不受脱水、高盐胁迫诱导。*DREB*2A 和 *DREB*2B 则被脱水、高盐胁迫诱导而不被冷诱导。*CBF*4/*DREB*1D 被渗透胁迫诱导。*DDF*1/*DREB*1F 和 *DDF*2/*DREB*1E 被高盐胁迫诱导。

除了在拟南芥中，在其他物种中也发现了很多 *CBF* 同源的基因。如油菜、大麦、小麦、番茄、水稻、黑麦和柑橘等。大多数 *CBF* 同源基因也是由低温诱导，而且随着 *CBF* 的积累，相应的下游基因也会积累。

研究显示，有 100 多个基因属于 CBF 调节元（CBF regulon）的成员。这些 CBF 调节元基因编码多种功能蛋白、转录因子（如 C_2H_2 锌指类、AP2/ERF 类转录因子）、信号转导途径的成分（如转录阻遏物 STZ）、生物合成蛋白（如渗透保护剂的合成蛋白）、抗冻保护蛋白（cryoprotectant protein，如 COR15a）及其他胁迫相关的蛋白（如糖运输蛋白、去饱和酶）。有些 CBF 调节元基因已研究得比较清楚，如 *COR*15a，调节脯氨酸水平的酶 P5CS2 和肌醇半乳糖苷合成酶（棉子糖合成过程的一个关键酶）等，它们对植物抗寒性的提高有显著作用。总之，*CBF/DREB*1 可以调节很多胁迫诱导的基因表达，在植物冷应答途径中起了重要的作用。

（2）参与冷驯化的非 CBF 冷调节途径。现在普遍认为，CBF 冷应答途径在植物低温逆境中起着重要的作用。除 *CBF* 途径之外，还有其他的途径参与低温应答，现有证据也表明确实存在这些途径。如 *eskimol* 突变体，不需要低温锻炼即能组成型地提高植物的抗寒能力，且在此过程中，没有涉及 COR 基因的表达。虽然大多数响应低温上调的基因都被 *CBF* 调节，但也存在一些不受 *CBF* 调节的基因存在。Zhu 等鉴定了 2 个组成型表达的基因 *HOS*9 和 *HOS*10。*HOS*9 编码一个推测的 homeodomain 转录因子，而 *HOS*10 则编码一个推测的 R2R3 类 *MYB* 转录因子。*HOS*9 和 *HOS*10 是一些冷应答基因的负调控者，它们对植物抗寒起着一定的作用。但是这些基因都不属于 *CBF* 调节元。

（3）*ICE*1 调节的 *CBF* 途径。Chinnusamy 等利用 P_{CBF3}：LUC 生物荧光检测技术，鉴定得到一个 CBF 的上游转录因子，并命名为 *ICE*1（inducer of CBF expression 1），这是目前知道的唯一直接作用在 *CBF* 启动子上的转录因子。组成型超表达 *ICE*1，可增强 *CBFs* 及 COR 基因的表达，并增强转基因拟南芥的抗冻性。*ICE*1 是组成型表达并定位在核内，但是激活 *CBF* 表达需要冷处理 . 这说明 *ICE*1 在冷诱导下的修饰才具有活性。

*ICE*1 编码一个 MYC 类碱性螺旋 - 环 - 螺旋（basic helix-loop-helix，bHLH）转录因子，可结合在 *CBF*3 启动子上 MYC 识别位点，从而激活低温胁迫下 *CBF*3 的表达。在正常的环境条件下，*ICE* 处

于一种不活动状态。但植株经受低温后，就会激活一条信号转导途径，导致 *ICE* 或相关蛋白的修饰，从而使 *ICE* 能诱导 *CBF* 基因的表达。虽然在正常环境下，*ICE*1 不能诱导 *CBF* 的表达，但可能存在与 *MYC* 类似的转录因子来激活它们。在拟南芥 *ICE*1 突变体中，发现大量的冷诱导基因不被诱导或诱导量不到野生型的50%，且这些基因中有 32 个编码转录因子，说明 *ICE*1 是一个控制很多冷应答的依赖 *CBF* 或非依赖 *CBF* 的基因表达的"主开关"（masterswitches）。

（4）其他调节 CBF 表达的途径。*CBF* 基因家族拥有众多的家族内基因，这些基因具有一定的自我调控功能，从而使表达量发生改变。如 *CBF*2 可以作为 *CBF*1 及 *CBF*3 的负调节因子，而 *CBF*3 也可负调控 *CBF*2。另外，其他一些蛋白也参与了 *CBF* 的冷诱导调控。如 *ZAT*12 可以负反馈调控 *CBF*。另外，研究还发现，有些基础代谢途径的成分，也参与了 *CBF* 途径。如 *los*1 突变体中，蛋白质合成不能进行，从而使 *CBF* 基因超诱导表达，但不诱导 *COR* 基因的表达，说明 CBF 蛋白对其本身的表达具有反馈抑制作用；*HOS*1 参与经 26S 蛋白酶体（proteasome）的特异蛋白质的降解，负调控 CBF 的表达，因此推测它可能通过降解 *CBF* 的正调节因子，如 *ICE*1，来实现调控的功能。*LOS*4 基因的一个突变体 *los*4-1 会降低 *CBF*1-3 及其下游靶基因的表达，而另外一个突变体 *los*4-2 的功能却刚好相反，会增强 *CBF* 及其靶基因的表达。

（四）植物抗寒基因工程研究基础

由于对植物抗寒分子机制的不断认识，现已知的植物抗寒性基因根据其产物功能可简单地归为两大类：调控基因和保护基因。调控基因的产物对信号的传递及保护基因的表达起到调控作用；而保护基因的产物则直接起到抗寒保护作用。目前所开展的植物抗寒基因工程研究也就主要围绕这两类基因展开的。

1. 转保护基因策略

低温伤害涉及很多方面，如膜伤害、渗透胁迫、蛋白质变性等。每种伤害都有一个临界温度，如果低温强度超过了此临界点，都有可能造成致命的威胁，所以怎样将每种伤害的温度临界点，至少是那几种严重伤害的温度临界点降低就显得至关重要。

（1）转入与膜稳定性相关的基因。膜是低温伤害的原初位点。许多研究表明，细胞膜的相变温度越低，抗寒性就越强，降低植物的膜相变温度可以增强植物的抗寒性。而膜的相变温度高低与膜脂所含脂肪酸的饱和程度最为密切。不饱和度高，相变温度就低，抗寒性就强。因此导入脂肪酸去饱和代谢关键酶基因，通过降低脂肪酸的饱和度，可以提高植物的抗寒性。如将拟南芥叶绿体中 ω-3 脂肪酸脱氢酶基因 *fad*7 导入烟草中，所获得转基因烟草抗寒性增加。研究人员将从蓝细菌（Anacystis nidukans）中克隆的 Δ9- 去氢酶的基因 *Des*9 转入烟草后，发现转基因烟草中受修饰的 Δ9- 单饱和脂肪酸的含量与野生型相比增加了 16 倍，植物的半致死温度（LT_{50}）也明显降低。此外，通过农杆菌介导并以玉米 Ubiquitin 作为启动子把拟南芥的 3- 磷酸甘油酯酰基转移酶基因（*GPAT*）导入水稻中，提高了叶片叶绿体不饱和脂肪酸（PG）的含量和叶片低温耐受性。

低温使膜受伤害另外一个重要的原因是体内累积了过量的活性氧（ROS），导致膜脂过氧化加剧、膜蛋白聚合变性，膜流动性降低，透性增大以及正常结构遭到破坏。在正常情况下由超氧化物歧化酶（SOD），过氧化物酶（POD）和过氧化氢酶（CAT）组成的

防御系统可以清除体内一定量的活性氧，但是在低温下由于酶活性下降以及 ROS 产量剧增，所以这种防御能力就显得很有限。SOD 是这个防御系统中最关键的酶，直接将活性氧自由基转化为过氧化氢（H_2O_2）。通过基因工程方法在植物体内过表达 *SOD* 基因则表现出良好的抗氧化能力。通过 pEXSOD 载体将拟南芥 *Fe-SOD* 基因转入紫花苜蓿中，经过两年的大田试验发现转基因植株越冬存活率大大提高。通过将 *Mn-SOD* 基因导入紫花苜蓿中，不仅提高转基因植物的膜稳定性，同时还使植物的生物量得到增加。

（2）转入与抗渗透胁迫相关的基因。低温引起的次生干旱造成的渗透胁迫不仅给生物膜造成严重的伤害，同时也使内源可溶性蛋白变性、胞内有序的空间结构打乱。所以很长一段时间来，缓解渗透胁迫一直是植物抗逆境研究的重点。现发现有 2 类物质可以很好地缓解植物渗透胁迫压力。一类是如脯氨酸、糖、甜菜碱等小分子渗透调节物质，通过转移与其代谢有关的酶，提高其体内含量，可以增强植物的抗渗透胁迫能力。如将脯氨酸脱氢酶（脯氨酸降解关键酶）反义基因 *AtproDH* 的 cDNA 转入拟南芥中，很好地抑制了此酶的产量，从而提高了胞内脯氨酸水平，增强植物抗渗透性。果聚糖是一种多聚果糖分子，因为具有良好的水溶性而具有调节渗透压的功能。将杆菌（*Bacillus subtilis*）编码果聚糖的基因 *SacB* 转入烟草中。结果显示转基因烟草表现出比对照组更强的抗渗透胁迫能力。胆碱氧化酶（COX）是甜菜碱合成的重要代谢酶。将从细菌（*Arrhobacter Pasceus*）中克隆的 *COX* 基因转入拟南芥、烟草和油菜中，获得高甜菜碱水平的转基因植株。另一类渗透调节物质就是亲水性多肽，如 COR 蛋白、LEA 蛋白等。它们受低温诱导，具有保护细胞膜，维持水相以及防止蛋白质变性等功能。相关研究小组发现在拟南芥中过表达 cor15a 基因具有稳定悬浮细胞的叶绿体和原生质体膜，提高细胞的抗寒性之功能，之后将大麦 LEA III 基因 HVA1 转入水稻和小麦中，发现 HVA1 蛋白在转基因植物的叶和根中的含量大增，并且整个植株的抗寒能力也得到相应的增强。

（3）转入抗冻蛋白基因。0 ℃以下低温引起细胞内外水分结冰，随着冰冻时间的延长，冰晶逐渐扩大，并向四周伸展，将会刺破质膜和一些重要的细胞器，破坏生物有序隔离。研究表明抗冻蛋白（afp）具有降低溶液冰点；修饰冰晶形态；抑制重结晶等功能。正因如此，有关 afp 蛋白基因的转基因工程研究近年来开展的甚多。早期抗冻蛋白基因多取自极地鱼类或高寒地区的昆虫。如研究人员将第 1 批来自比目鱼 afp 转入烟草和番茄中，在低温下检测到较强的抗冻蛋白活性。后来用花粉管通道和子房注射法将整合在 Ti 质粒上的美洲拟蝶 afp 基因导入番茄中，提高了番茄的抗冻性。最近有人报道将植物中的抗冻蛋白基因转入拟南芥中，转基因植株也获得了良好的抗冻效果。

（4）转入与细胞活性相关的蛋白基因。植物受到低温作用时，体内的各种酶的活性降低，使得植物生理生化代谢受到严重的影响，限制着植物的生长和发育。拟南芥的 2 个低温诱导基因 RCI1 和 RCI2 具有冷驯化特性，编码的蛋白质与激酶调控因子 14-3-3 蛋白高度同源。低温下通过影响蛋白激酶活性调节其他蛋白的磷酸化和脱磷酸化，从而保护细胞生理功能不被低温抑制。研究人员从拟南芥中分离出受低温诱导基因 LOS2，这种基因通过编码烯醇酶参与植物体内多种糖代谢路径，在逆境下维持细胞活性具有重要的作用。LOS2 突变的植株其低温耐受性大大降低。

2. 转调控基因策略

植物的抗寒性是由多基因所调控的，转单个保护基因虽然在一定程度上或某一方面提高了植物的抗寒性，但是总的来说效果都不很明显，而且大部分都还是以细胞或组织为转入对象，是否对整个植株有作用还有待研究。另外转入的单基因稳定性也比较差，容易丢失。所以人们想到了转"调控基因"的策略，因为每个调控基因可以调节一套相应基因的表达，各基因产物之间相互促进、协同作用，从而有可能使植物的抗寒能力得到质的提高。

1997 年，*CBF*1 基因从拟南芥中首次被克隆出来，其与花椰菜花叶病毒（CaMV）35S 强启动子重组为融合基因（*35S::CBF*1），并转入到拟南芥中获得 *CBF*1 高表达的植株，同时发现转基因植株不经低温驯化就具有强抗寒性。随后又有人在拟南芥中克隆出了 *CBF*2 和 *CBF*3，并通过类似的方法将其转入拟南芥中，也获得不经低温驯化就具有强抗寒性转基因植株，并经 RNA 凝胶分析发现其体内大量的冷诱导基因转录水平有了明显的提高，如 *COR*15a，*RD*29a 等。研究人员将拟南芥 *CBF*1 基因转移到不能冷驯化的番茄中，发现转基因的番茄的低温存活率大大提高。

除了 *CBFs* 基因外，转其他调控基因也有报道。如将钙依赖性蛋白激酶基因（*OsCDPK*）转入水稻中，发现转基因水稻抗寒性和抗盐性都得到加强。

从已有的研究结果来看，转调控基因的效果明显要优于转单个基因。然而有一点值得注意的是，在所有组成型表达 *35S::CBFs* 基因的植物中，由于过强表达外源基因消耗大量的能量，这些转基因植物在正常环境下都会出现生长被严重延滞的现象。另外，在无寒冻胁迫的时候，外源基因表达也是不需要的。所以诱导性启动子研究就显得十分必要。Kasuga 等用冷诱导基因 *RD*29a 的启动子替代 35S 启动子，不仅大大缓解了这种生长延滞现象，而且使得植物的抗寒性得到进一步的提高。而这个发现也将对今后抗寒基因工程研究产生深远影响。

（五）油棕抗寒研究基础

1. 常规的育种方法

传统杂交育种是目前世界各地油棕育种中应用最广泛的方法，培育出种类多样的优良油棕品种。利用优异的种质资源，选择高产、抗逆的优良植株做亲本进行杂交，得到的杂交种（F1）综合双亲本的优良性状，表现出强大的杂种优势。

自 1925 年开始，非洲和哥斯达黎加的油棕育种工作者就进行油棕变种间的杂交，利用坦桑尼亚高地（海拔 800 ～ 1 000 m）和喀麦隆巴门达地区（海拔约 1 200 m）的高原野生材料生长的抗寒性强的野生 Dura 型油棕，与高产、早熟 Tenera 品种进行杂交，得到高产、抗寒杂交品种，比如 Bamenda、Kigoma 抗寒油棕品种，并开始了商业化种植。

2. 离体组织培养技术体系的研究

虽然油棕的常规杂交育种技术起步早，但该育种方法工序繁琐，持续时间长，不能满足油棕产业发展的需要，同时也不利对一些有潜力的基因进行改良，以获取高产、抗寒、抗旱、抗虫和抗病的优质油棕种质，这样导致油棕遗传改良进展非常的缓慢。而组织培养技术的飞速发展促进了油棕的遗传改良，从多方面弥补了传统遗传改良的不足。

早在 1974 年，组织培养技术首次应用于油棕，微繁成为优良品种克隆的一种技术。后来各国研究人员也多次对油棕器官和组织

的离体培养进行了试验。马来西亚油棕研究所（PORIM）曾报道过在油棕上单倍体研究进展。但是目前尚未通过单倍体培养获得植株，要发展该技术，需要解决的问题是筛选改良基因型。将成熟胚和幼胚作为原始材料进行培养，已成为油棕研究遗传改良的重要工具。

油棕组织培养早期主要是以根作为外植体。目前，几乎油棕植株的每一个部分都能进行再生，包括成熟和未成熟的胚，尤其是茎尖、胚性细胞悬浮培养、胚性愈伤组织，以及来自幼苗、根、花序和幼叶的愈伤组织。但是，部分外植体的再生效率低。研究发现，通过组织培养获得克隆植株比通过种子育苗的油棕开始产油早，产油量高，经济优势高。

目前，马来西亚已将体外组织培养技术大规模应用于油棕的克隆，并且已经商业化生产，成为加快油棕新品种繁育的重要方法。

中国热带农业科学院从 1998 年开始，启动了油棕引种试种工作，经过多年的努力，于 2011 年 12 月获得了国内首株移栽成活的油棕组培苗，并于 2015 年 5 月将国内首批油棕组培苗进行了大田试种，目前油棕组培苗已成功开发结果，性状稳定。

3. 分子辅助育种技术在油棕中的应用

新型领域的分子生物学为高等生物的快速和详细分析遗传提供了工具。分子标记作为植物辅助遗传育种的一种重要手段，将成为 21 世纪油棕遗传改良的主要途径之一。随着利用分子标记对油棕研究的深入，目前已经在油棕的遗传多样性、重要性状的定位、遗传图谱的构建及分子标记辅助育种等方面都有一定的研究。

应用 RAPD 技术分析了来自非洲油棕种质资源的遗传多样性。Moretzsohn 等应用 RAPD 技术，对油棕外壳厚度性状进行了连锁标记，而外壳厚度与油棕的含油量密切相关。根据利用 RFLP 标记的油棕图谱，对与产量有关的位点如果壳厚度、果重、叶柄横断面等重要性状进行了 QTL 定位，为分子标记辅助育种在油棕中的运用提供了理论依据。Billotte 等以微卫星序列为基础建立了来自 tenera 油棕的 LM2T 群体和来自 dura 品种的 Deli 群体组成的杂合群体高密度遗传图谱，从 390 个标记中筛出 21 个油棕多态性分子标记，并对 Sh 基因进行定位。运用 RFLP 分子标记对油棕的灵芝属真菌病害进行鉴定，结果为该病菌与油棕干腐病有关。Noorhariza 等利用油棕 EST 库的 SSR 分子标记对起源于非洲 7 个国家的 76 个油棕群体的遗传多样性进行分析，并以 Deli dura 群体为对照，结果表明，所测群体的遗传多样性高于对照。其中 Nigeria、Congo 和 Cameroon 群体表现最高的遗传多样性，聚类分析结果表明，群体间的遗传距离和它们的地理来源具有较高的相关性。Xiao 等基于转录组测序技术的油棕抗寒相关 SSR 分子标记开发，对我国油棕种质资源进行抗寒性状的连锁标记（图 2-1），该研究成果将加快分子标记辅助育种在油棕育种中的应用。周丽霞等利用 SSR 分子标记对新引进的 8 个油棕品种进行遗传结构及多样性分析，结果发现 8 个油棕种质的遗传距离较远（图 2-2），遗传变异较为明显，品种 3 的种群分化程度最高，杂合度最大，可作为育种亲本材料。

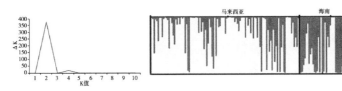

图 2-1　SSR 分子标记对油棕种子资源遗传多样性的分析

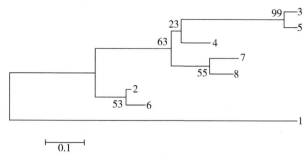

图 2-2　8个油棕群体聚类分析

以上研究结果可知，目前主要利用分子标记对油棕种质资源进行遗传多样性的鉴定，评价种质亲缘关系的远近，与抗寒有关的标记已有初步开发及应用，如能进一步找到与高产和抗寒等性状连锁的分子标记用于分子标记辅助育种，将会促进油棕抗寒遗传改良的较快发展。

4. 油棕育种的基因组学研究

油棕的基因组学研究还处于初步阶段，研究基础薄弱，进展缓慢。目前对油棕的部分抗寒相关基因进行了克隆、鉴定及表达研究。肖勇等克隆了油棕低温响应转录因子基因 *CBF*，获得 3 个不同拷贝的 *CBF* 基因序列。周丽霞等通过研究在低温胁迫下 *WRKY* 转录因子基因的表达特性，发现低温胁迫下，油棕 *WRKY*1、*WRKY*7、*WRKY*23、*WRKY*24 和 *WRKY*28 基因的表达量显著上升（$P < 0.01$），均属于低温应激反应型基因（图 2-3）。

随着油棕基因组测序的完成，越来越多的油棕抗寒性状相关基因被克隆，有望提高油棕抗寒性。随着生物技术在油棕育种研究中的应用，将对整个油棕产业产生深远影响，引发油棕育种史上的变革。

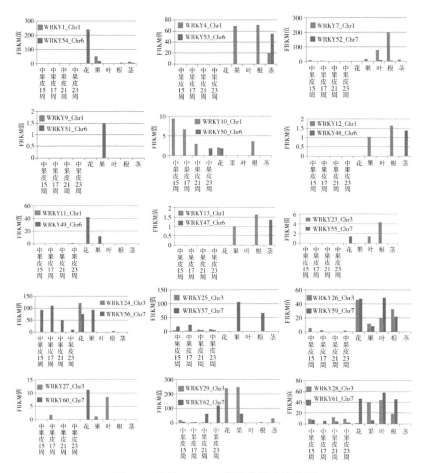

图 2-3　油棕 WRKY 基因差异表达分析

5. 转基因方面的研究

将人工分离和修饰过的基因导入到生物体基因组中，由于导入基因的表达，引起生物体性状可遗传的修饰，这一技术称为转基因技术。目前转基因技术已成为植物遗传改良的重要手段。由于油棕生长周期长，不易产生愈伤组织，建立组培再生体系困难，转基因

植株的再生较难成功。

在油棕转基因方面，通过研究防御基因 *EGAD*1 在油棕开花过程中的表达发现，该基因在愈伤组织阶段的转录有差异，因此，认为 *EGAD*1 基因表达可作为外遗传体细胞变异事件。Parveez 等研究了卡那霉素、遗传霉素、巴龙霉素、潮霉素、除草剂等筛选剂对油棕幼胚的转基因效果，进行了筛选和评价。

虽然目前油棕的转基因研究主要是其在愈伤组织的表达，如果建立起抗逆、高产的转基因体系并获得植株，并与传统的育种手段相结合，将在油棕的遗传改良方面发挥重要作用。

二、抗寒研究目标

低温不仅限制植物的种植范围，也会造成减产和品质下降，严重时甚至绝产。因此，有关植物抗寒性的研究一直是植物学研究领域的热点之一。

目前，我国油棕抗寒相关研究还处于起步阶段，早期研究主要集中在植物遭寒害后的细胞形态结构、生理、生物化学变化等方面。对植物的抗寒分子机理认识不够，提高植物抗寒性主要依靠传统育种方法，虽然也取得一些进展，但由于其周期长且工作繁琐，已不适应现代农业的发展要求。近年来，随着对植物抗寒分子机理研究的不断深入和分子生物学技术的迅猛发展，抗寒研究已经从生理水平深入到分子水平，促进了油棕抗寒基因工程的发展，通过分离多种抗寒基因，深入研究油棕的抗寒分子机理，利用基因工程培育抗寒新品种。随着分子生物学技术的不断发展和完善，探究低温诱导蛋白和分子标记，深入研究油棕低温信号转导调节机制是未来油棕抗寒性研究的重要任务之一，以期从分子水平对油棕抗寒机理做更科学系统的解析。

参 考 文 献

曹慧明, 史作民, 周晓波, 等, 2010. 植物对低温环境的响应及其抗寒性研究综述 [J]. 中国农业气象, 31(2): 310-314.

崔国文, 马春平, 2007. 紫花苜蓿叶片形态结构及其与抗寒性的关系 [J]. 草地学报, 15(1): 70-75.

邓江明, 简令成, 2001. 植物抗冻机理研究新进展: 抗冻基因表达及其功能 [J]. 植物学通报, 18(5): 521-530.

简令成, 1983. 生物膜与植物寒害和抗寒性的关系 [J]. 植物学通报, 1(1): 17-23.

刘祖祺, 张连华, 朱培仁, 1990. 用放射免疫法分析柑桔抗寒锻炼中游离和结合态脱落酸的变化 [J]. 园艺学报, 17(3): 197-202.

罗正荣, 1989. 植物激素与抗寒力的关系 [J]. 植物生理学通报 (3): 1-5.

马翠兰, 刘星辉, 胡又厘, 1999. PP_{333} 对柚越冬期耐寒性调控的研究 [J]. 果树科学, 16(3): 197-201.

沈漫, 王明麻, 黄敏仁, 1997. 植物抗寒机理研究进展 [J]. 植物学通报, 14(2): 1-8.

许林兵, 1992. 香蕉标准化生产技术 [M]. 广州: 中山大学出版社.

张放, 唐晓蕴, 2001. 低温胁迫对处于不同水分状态柑桔光合作用的影响 [J]. 浙江大学学报 (农业与生命科学版), 27(4): 393-397.

周丽霞, 曹红星, 2018. 低温胁迫下油棕 WRKY 转录因子基因的表达特性分析 [J]. 南方农业学报, 49(8): 1490-1497.

周丽霞, 吴翼, 肖勇, 2017. 基于 SSR 分子标记的油棕遗传多样性分

析 [J]. 南方农业学报, 48(2): 216-221.

ARBAOUI M, BALKO C, LINK W, 2008. Study of faba bean (*Vicia faba* L.) winter-hardiness and development of screening methods[J]. Field Crops Research, 106(1): 60-67.

BERTRAND A, CASTONGUAY Y, 2003. Plant adaptations to overwintering stresses and implications of climate change[J]. Canadian Journal of Botanical, 81(12): 1145-1152.

BHATTACHARYYA P N, JHA D K, 2012. Plant growth-promoting rhizobacteria (PGPR): emergence in agriculture [J]. World Journal of Microbiology Biotechnology, 28(4): 1327-1350.

BILLOTTE N, MARSEILLAC N, RISTERUCCI A M, et al., 2005. Microsatellite-based high density linkage map in oil palm (*Elaeis guineensis* Jacq.)[J]. Theoretical and Applied Genetics, 110(4): 754-765.

CAMILLO J, LEAO A P, ALVES A A, et al., 2014. Reassessment of the genome size in *Elaeis guineensis* and Elaeis oleifera, and its interspecific hybrid[J]. Genomics Insights, 7: 13-22.

HWANG K, SUSILA H, NASIM Z, et al., 2019. Arabidopsis ABF3 and ABF4 transcription factors act with the NF-YC complex to regulate SOC1 expression and mediate drought-accelerated flowering [J]. Molecular Plant, 12(4): 489-505.

KASUGA M, MIURA S, SHINOZAKI K, et al., 2004. A combination of the Arabidopsis DREB1A gene and stress-inducible RD29A promoter improved drought- and low-temperature stress tolerance in tobacco by gene transfer [J]. Plant Cell Physiology, 45(3): 346-350.

LOW E T L, ALIAS H, BOON S H, et al., 2008. Oil palm (*Elaeis guineensis* Jacq.) tissue culture ESTs: identifying genes associated with callogenesis and embryogenesis [J]. BMC Plant Biology, 8: 62.

MORETZSOHN M C, NUNES C D M, FERREIRA M E, et al., 2000. RAPD linkage mapping of the shell thickness locus in oil palm (*Elaeis guineensis* Jacq.)[J]. Theoretical and Applied Genetics, 100(1): 63-70.

PARVEEZ G K A, ALIZAH Z, OMAR A R, et al., 2007. Determination of minimal inhibitory concentration of selection agents for selecting transformed immature embryos of oil palm [J]. Asia Pacific Journal of Molecular Biology and Biotechnology, 15(3): 133-146.

PRICE A H, TAYLOR A, RIPLEY S J, 1994. Oxidative signals in tobacco increase cytosolic calcium [J]. Plant Cell, 6(9): 1301-1310.

SALA J M, LAFUENTE M T, 2000. Catalase enzyme activity is related to tolerance of mandarin fruits to chilling[J]. Postharvest Biology and Technology, 20(1): 81-89.

TANG Y, FANG S, JENSEN J P, 2000. Ubiquitin protein ligase activity of IAPs and their degradation in proteasomes in response to apoptotic stimuli[J]. Science, 288: 874-877.

VURUKONDA S S, VARDHARAJULA S, SHRIVASTAVA M, et al., 2016. Enhancement of drought stress tolerance in crops by plant growth promoting rhizobacteria[J]. Microbiological Research, 184: 13-24.

XIA W, LUO T, ZHANG W, et al., 2019. Development of high-

density SNP markers and their application in evaluating genetic diversity and population structure in *Elaeis guineensis*[J]. Front Plant Science, 10: 130-142.

XIAO Y, ZHOU L X, XIA W, et al., 2014. Exploiting transcriptome data for the development and characterization of gene-based SSR markers related to cold tolerance in oil palm (*Elaeis guineensis*) [J]. BMC Plant Biology, 14: 384-396.

ZHOU L X, XIAO Y, XIA W, et al., 2015. Analysis of genetic diversity and population structure of oil palm (*Elaeis guineensis*) from China and Malaysia based on species-specific simple sequence repeat markers[J]. Genetics Molecular Research, 14(4): 16247-16254.

第三章　油棕对低温响应机制及抗寒种质资源鉴定评价

　　我国热带地区地处热带的北缘，虽然也适合油棕的生产性栽培，但是在冬季寒害时有发生，油棕对低温的敏感性，也成为南种北引的主要限制因素，高产抗寒早熟的品种是大规模推广油棕生产性栽培的基础，特别是耐寒品种的获得是油棕生产性栽培突破季节性和地域性限制的必要条件。开展油棕对低温应答及适应的生物学基础研究，不仅在基础理论上具有重要意义，为油棕的分子育种提供理论基础，在解决生产实际问题上也具有广泛的应用价值，而且对油棕低温应答与适应进行生物学基础研究将为我国油棕生产性栽培的规模化和产业化提供必要的技术支持和人才储备。本章节从生理生化、细胞生物学和分子生物学等方面对油棕低温胁迫下的生理生化和细胞组织结构的变化及分子水平上的应答机制开展了相关的研究。

第一节　油棕低温逆境应答的生理生化基础研究

　　研究在低温处理下生长发育、细胞膜稳定性、抗氧化能力、渗透调节等密切相关的抗寒指标的生理生化变化，阐述其对低温的反

应和适应机制；从中筛选与油棕抗寒相关性较高的生理指标，用于
种质资源的抗寒性鉴定等。

一、油棕对低温胁迫的生理生化响应的研究

以 8 个月苗龄的油棕幼苗为材料，根据海南的气温变化规律，
设置 4 个不同的最低温度处理，分别为 28 ℃（对照组处理）、18℃
（T_1 处理）、12 ℃（T_2 处理）、6 ℃（T_3 处理），分别处理 0 天、7 天、
14 天、21 天时取样，研究不同低温不同时间的低温胁迫对油棕幼
苗生理生化变化的影响，具体结果如下。

（一）低温胁迫下油棕幼苗叶片寒害变化及成活情况

油棕幼苗叶片在低温处理期间发生寒害变化如表 3-1 所示，幼
苗在 T_1 处理期间老叶变黄、出现褐斑，但对心叶的影响不大，无
萎蔫现象，恢复正常温度后全部都成活，而 T_2、T_3 处理期间幼苗
老叶明显变黄、有较多褐斑，14 天左右心叶开始变褐色，生长缓
慢，恢复正常温度后幼苗全部死亡。说明 T_1 处理 21 天后油棕幼苗
能成活，但在 T_2、T_3 处理 21 天后油棕幼苗不能成活。

表 3-1　低温胁迫期间油棕幼苗叶片寒害的变化

寒害处理天数（天）	对照组	T_1	T_2	T_3
0	正常	正常	正常	正常
7	正常	老叶变黄	老叶变黄、出现褐斑	老叶变黄、出现褐斑
14	正常	老叶变黄、出现褐斑，心叶无变化	老叶变黄、出现更多的褐斑，心叶变褐色	老叶变黄、出现更多的褐斑，心叶变褐色
21	正常	老叶变黄、有褐斑，心叶无变化	老叶变黄、有褐斑，心叶变褐色区域变大	老叶变黄、有较多的褐斑，心叶褐色区域变大

（二）低温胁迫下油棕幼苗渗透调节物质的变化

1. 油棕幼苗叶片可溶性蛋白变化

由表 3-2 可知，T_1 和 T_2 处理下幼苗叶片可溶性蛋白含量随时间的延长而升高，T_2 处理 7 天、14 天、21 天对幼苗叶片可溶性蛋白含量的影响差异显著（$P < 0.05$），与 0 天相比分别升高了 29.68%、47.49%、70.09%。T_3 处理下的含量在第 7 天、第 14 天略微上升，而 21 天时的含量明显下降（均与 0 天相比）。同一时间不同温度处理下，含量随温度的降低呈先升高后下降的趋势，除 T_3 处理 21 天之外，其余均高于对照组。结果表明，油棕幼苗叶片可溶性蛋白含量对低温胁迫有明显响应，含量明显增加。而 T_3 处理 21 天幼苗可能濒临死亡，可溶性蛋白含量不高。

表 3-2　低温胁迫对油棕幼苗叶片可溶性蛋白的影响

处理	可溶性蛋白（mg/g FW）			
	0 天	7 天	14 天	21 天
对照组	0.402±0.026aA	0.422±0.019aA	0.435±0.021aA	0.416±0.029aA
T_1	0.424±0.017dC	0.504±0.044cBC	0.663±0.038aA	0.579±0.016bAB
T_2	0.438±0.019dC	0.568±0.018cB	0.646±0.036bB	0.745±0.032aA
T_3	0.416±0.038bA	0.432±0.012bA	0.484±0.033aA	0.283±0.020cB

注：表中数据为平均值 ± 标准差；大写字母的不同表示差异极显著（$P < 0.01$）水平；小写字母的不同表示差异显著（$P < 0.05$）水平。全书同。

2. 油棕幼苗叶片含水量变化

由表 3-3 可知，低温处理下随着时间的延长，油棕幼苗叶片含水量下降，但变化不明显。结果表明，随着温度的降低和时间的延长，油棕叶片含水量略微下降但不明显。

表3-3 低温胁迫对油棕幼苗叶片含水量的影响

处理	叶片含水量（%）			
	0 天	7 天	14 天	21 天
对照组	76.95±1.59aA	77.36±1.63aA	77.33±3.05aA	76.36±1.71aA
T₁	76.20±2.00aA	71.98±1.00aA	72.69±1.21aA	72.72±2.61aA
T₂	75.22±1.23aA	69.15±2.49aA	67.38±13.34aA	68.79±0.40aA
T₃	76.20±0.74aA	67.24±3.93aA	66.48±9.20aA	65.49±6.70aA

3. 油棕幼苗叶片可溶性糖变化

由表3-4可知，在同一温度下随时间的延长，油棕叶片可溶性糖含量呈明显上升趋势。T_3 处理下的可溶性糖含量变化受低温影响最为显著（$P < 0.01$），21天时的可溶性糖含量最大，与0天相比升高了261.64%。在同一时间不同温度处理下可溶性糖含量随着温度的下降呈明显上升的趋势。结果表明，低温胁迫可使油棕叶片可溶性糖含量增大，且随着胁迫时间和程度可溶性糖含量逐渐增大。

表3-4 低温胁迫对油棕幼苗叶片可溶性糖含量的影响

处理	不同处理（mmol/g FW）			
	0 天	7 天	14 天	21 天
对照组	28.88±1.74aA	29.13±1.47aA	28.00±2.84aA	29.58±2.23aA
T₁	27.01±3.25dC	38.73±3.60cB	55.58±1.84bA	59.26±3.84dA
T₂	28.16±3.08cC	48.09±2.79bB	59.89±5.51aA	63.45±5.80aA
T₃	28.97±2.94dD	60.13±4.48cC	77.94±5.45bB	104.77±2.61aA

4. 低温胁迫下油棕幼苗叶片内过氧化氢、丙二醛（MDA）含量变化

由图3-1可知，T_1 处理下，7天后油棕叶片 H_2O_2 含量明显上升，与 0 天相比上升了25.34%（$P < 0.05$），然后 14 天和 21 天后的

H_2O_2 含量与 7 天的相比较明显下降，分别下降了 16.22%、13.61%。在 T_2、T_3 处理下随着时间的延长，H_2O_2 含量逐渐升高，并且在 T_3 处理下 H_2O_2 含量幅度最大。同一时间下随着温度的降低，H_2O_2 含量也随之逐渐升高。从结果可知，一定程度的低温胁迫会使油棕幼苗叶片 H_2O_2 含量明显上升。

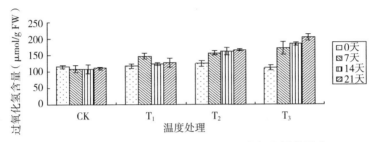

图 3-1　低温胁迫对油棕幼苗叶片过氧化氢含量的影响

由图 3-2 可知，在同一温度下随时间处理的延长，低温处理的油棕叶片幼苗 MDA 含量均呈现明显升高的趋势，达到了显著性差异（$P < 0.05$），并且随着低温程度增加，MDA 含量均升高。结果表明，低温胁迫对油棕幼苗 MDA 含量有显著升高的影响，产生了明显地膜脂过氧化作用。

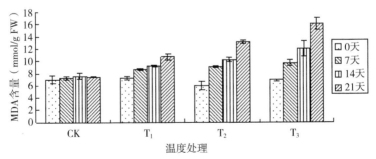

图 3-2　低温胁迫对油棕幼苗叶片 MDA 含量的影响

5. 低温胁迫下油棕幼苗叶片的抗氧化酶类活性变化

由图 3-3（a）可知，在同一温度下随着时间处理的延长，T_1、T_2 处理下的油棕幼苗叶片超氧化物歧化酶（SOD）活性与 0 天相比呈现下降的趋势，只有 T_3 处理的在 21 天与 0 天相比 SOD 活性升高。同一时间下随着温度的降低，T_1、T_2 处理下的 SOD 活性与对照组相比呈现下降的趋势，仅 T_3 处理 21 天后与对照组相比 SOD 活性升高。结果表明，低温胁迫显著降低油棕幼苗叶片 SOD 活性。

由图 3-3（b）可知，在同一温度下随着处理时间的延长，3 个低温处理的叶片过氧化物酶（POD）活性 7 天与 0 天相比活性都上升，而在 14 天时的活性与 7 天的相比活性都下降，T_3 处理的 21 天活性与 7 天的相比升高，其余处理均为下降。从上述结果可知，低温处理在一定时间内会使油棕叶片 POD 活性增大，但随着时间的延长 POD 活性下降。说明抗氧化酶在胁迫刚开始对植物起保护作用。

由图 3-3（c）可知，T_1 处理 7 天 过氧化氢酶（CAT）活性与 0 天相比略升高，而在 14 天呈现下降的趋势，而在 21 天的 CAT 活性与 0 天相比显著地升高（$P < 0.01$）。T_2 处理的 CAT 活性与 0 天相比，7 天和 14 天时呈现升高的趋势，而在 21 天时下降。T_3 处理的 CAT 活性与 0 天相比，7 天时明显升高，而在 14 天时下降，21 天时变化不明显。结果可知，CAT 活性受低温影响初期为增大，但随着时间的延长 T_1 和 T_3 处理呈现先降低再升高，T_2 处理呈现先升高再降低的趋势。

由图 3-3（d）可知，不同的温度处理 7 天抗坏血酸过氧化物酶（APX）活性与 0 天相比均升高，随着时间的延长，14 和 21 天时 APX 活性与 0 天相比均降低，其中 T_2 和 T_3 处理为显著地下降（$P < 0.05$）。结果可知，低温处理在一定时间内会使油棕叶片 APX 活性增大，但随着时间的延长 APX 活性下降。

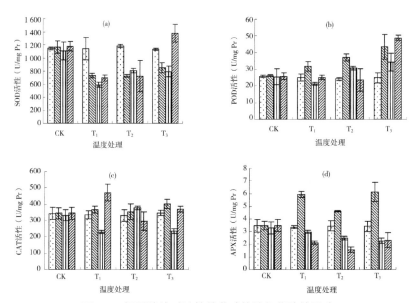

图 3-3　低温胁迫对油棕幼苗叶片抗氧化酶的影响

本研究表明，当温度处于 T_1 处理时胁迫 21 天后，油棕幼苗老叶变黄、出现褐斑，心叶受到的影响不大，无萎蔫现象，恢复正常温度后，幼苗能在较短时间内恢复生长。这一结果与 18 ℃是油棕正常生长的临界点相符合。而 T_2、T_3 处理期间幼苗老叶明显变黄、有较多褐斑，14 天左右心叶开始变褐色，生长缓慢，恢复正常温度后幼苗全部死亡。而叶片可溶性糖含量和 MDA 随着低温胁迫程度和时间的延长含量明显增加，可作为反映油棕低温胁迫的重要指标。

二、不同油棕品种的抗寒能力评价

试验以来自哥斯达黎加的油棕品种 TE、BE、OG 和海南本地油棕 BD 为材料。选择生长健壮、长势一致、无病害的 6 个月龄油棕苗为材料，设置 3 个低温度处理，分别为对照组（自然温度处理）、16 ℃（T_1 处理）、8 ℃（T_3 处理），研究了低温胁迫 10 天后油棕叶片渗透调节物质和保护性酶类变化，对抗寒密切相关的生理生化指标进行筛选，并对不同油棕品种的抗寒能力进行评价。主要研究结果如下。

（一）不同低温处理对油棕叶片渗透调节物质的影响

由表 3-5 可知，油棕资源 TE、OG、BE 和 BD 的 MDA 含量、可溶性糖和可溶性蛋白含量都随着处理温度的降低，表现增加的趋势，尤其在 T_2 处理下，都和对照达到显著或极显著差异的水平，变化幅度依次为 OG > BD > BE > TE，尤其是 OG 和 BD 资源，不同处理间都达到极显著差异的水平。其中，MDA 含量变化幅度较大。

油棕资源 TE、OG、BE 和 BD 的叶片可溶性蛋白含量在 T_1、T_2 处理下与对照组相比，都达到显著或极显著差异的水平，变化幅度依次为 TE > BE > BD > OG，其中 TE 资源在不同处理间都达到极显著差异的水平，变化幅度较大。

随着处理温度的降低，油棕资源 TE、OG、BE 和 BD 的脯氨酸含量呈现上升的趋势，T_1 和 T_2 处理都和对照组达到极显著差异的水平，变化幅度依次为 TE > BE > BD > OG。

由上述可知，MDA 含量和脯氨酸含量 2 个指标在不同低温处理下变化的幅度较大，对低温的反应较为敏感。

表 3-5　低温处理对油棕叶片渗透调节物质含量变化的影响

项目	处理	TE	OG	BE	BD
MDA 含量（mmol/g FW）	对照组	1.01±0.05bB	0.79±0.06cC	1.04±0.08bA	1.12±0.13cC
	T_1	1.52±0.141bB	1.57±0.11bB	1.33±0.18abA	2.06±0.02bB
	T_2	4.68±0.66aA	3.05±0.27aA	1.68±0.15aA	2.92±0.29aA
可溶性糖含量（mg/g FW）	对照组	0.61±0.10bA	0.79±0.02cB	0.69±0.03bB	0.92±0.03cB
	T_1	0.70±0.05abA	1.20±0.12bB	0.72±0.07bB	1.04±0.08bB
	T_2	0.88±0.06aA	2.18±0.10aA	0.89±0.04aA	1.63±0.09aA
可溶性蛋白含量（mg/g FW）	对照组	6.14±0.06cC	6.27±0.58bB	6.38±0.05cB	4.77±0.79bB
	T_1	9.57±0.45bB	8.54±0.51aA	8.40±0.19bB	7.16±0.39aAB
	T_2	11.73±0.58aA	9.57±0.22aA	17.07±1.09aA	8.59±0.24aA
脯氨酸含量（μg/g FW）	对照组	3.40±0.26bB	2.77±0.09bB	1.78±0.15cC	1.06±0.05cC
	T_1	12.32±1.40aA	9.61±0.25aA	6.47±0.28bB	3.12±0.15bB
	T_2	13.78±2.25aA	10.56±1.11aA	8.39±0.25aA	5.74±0.26aA

（二）不同低温处理对油棕幼苗叶片保护性酶类变化的响应

油棕资源 TE、OG、BE 和 BD 的 SOD 酶活性、POD 酶活性和 CAT 酶活性变化随着处理温度的降低，呈现先上升后下降的趋势，其中 SOD 酶活性对低温的反应较为敏感，各处理间都达到显著或极显著差异的水平（表 3-6）。

由表 3-6 可知，油棕资源 TE、OG、BE 和 BD 的谷胱甘肽还原酶（GR）活性变化随着处理温度的降低呈现先上升后降低的趋势，在不同处理下 GR 酶活都达到显著或极显著差异的水平。

由上述可知，SOD 酶活性和 GR 酶活性 2 个指标在不同低温处理下都达到显著或极显著差异的水平，可能对低温反应较为敏感，与抗寒性的关系较为密切。

表 3-6　低温处理对油棕叶片保护酶活性的影响

项目	处理	TE	OG	BE	BD
SOD 活性 （U/g FW）	对照组	1.36±0.08cB	1.63±0.17bB	1.60±0.17cC	1.54±0.22bB
	T_1	2.67±0.33aA	1.99±0.16aA	2.84±0.20aA	1.73±0.19aA
	T_2	1.74±0.23bB	1.43±0.18cC	2.14±0.11bB	1.26±0.13cC
POD 活性 （U/g FW）	对照组	366.69±15.61bB	309.37±8.54aA	501.96±5.64bA	342.36±20.20bB
	T_1	402.61±7.09aA	353.15±28.57bB	520.22±18.60aA	426.72±15.48aA
	T_2	353.77±21.68bB	286.88±16.89cC	417.38±13.92cB	310.25±8.94cC
CAT 活性 （U/g FW）	对照组	36.01±2.50cC	39.86±3.08bB	48.27±3.01aA	33.36±2.48cC
	T_1	51.24±3.47aA	50.49±5.25aA	42.38±2.51bB	40.80±2.91aA
	T_2	42.22±2.20bB	38.36±3.04bB	37.25±2.69cC	36.06±2.00bB
GR 活性 （U/g FW）	对照组	98.48±2.75cB	116.18±9.29bB	120.45±7.99cC	92.74±5.08cC
	T_1	129.37±8.41aA	128.28±7.72aA	156.45±4.63aA	123.40±6.49aA
	T_2	108.65±7.31bB	100.24±3.36cC	132.04±9.04bB	96.81±7.13bB

（三）在不同低温处理下油棕幼苗生理生化指标相关性分析

由表 3-7 可知，MDA 含量分别与可溶性糖含量和脯氨酸含量呈极显著正相关；GR 活性分别与 SOD 活性、POD 活性呈极显著正相关。可溶性蛋白含量与脯氨酸含量、SOD 活性与 POD 活性、CAT 活性与 GR 活性呈显著正相关。其余各指标间相关性未达到显著水平。

表 3-7　油棕资源抗寒生理生化指标相关性分析

项目	MDA 含量	可溶性糖含量	可溶性蛋白含量	脯氨酸含量	SOD 酶活性	POD 酶活性	CAT 酶活性	GR 酶活性
MDA 含量	1							
可溶性糖含量	0.86**	1						

续表

项目	MDA含量	可溶性糖含量	可溶性蛋白含量	脯氨酸含量	SOD酶活性	POD酶活性	CAT酶活性	GR酶活性
可溶性蛋白含量	0.42	0.32	1					
脯氨酸含量	0.66**	0.53	0.65*	1				
SOD活性	-0.30	-0.19	0.28	0.35	1			
POD活性	-0.34	-0.26	0.05	-0.18	0.61*	1		
CAT活性	-0.09	-0.08	0.03	0.40	0.49	0.40	1	
GR活性	-0.27	-0.31	0.32	0.20	0.87**	0.74**	0.56*	1

*表示显著正相关，**表示极显著正相关。

（四）在不同低温处理下油棕幼苗生理生化指标聚类分析

根据聚类分析的结果（图3-4）可知：MDA含量、可溶性糖含量、SOD活性、可溶性蛋白含量、脯氨酸（Pro）含量先聚为一类，即为相似水平类；再与和CAT活性进行聚类，随后和GR酶活性聚类，最后与POD酶活性进行聚类。其中CAT活性、GR活性和POD活性都是单独为一类，无相似项。同为一类的指标可以进行简化，用一个因素代表其他因素。在第一类群中，MDA含量分别与可溶性糖含量和脯氨酸含量呈极显著正相关，脯氨酸含量分别与可溶性蛋白含量和MDA含量相关性都高，且在方差分析中，MDA含量和脯氨酸含量在不同处理间差异均达显著或极显著水平，因此，MDA含量或脯氨酸含量可以作为低温处理下渗透调节指标的代表。虽然CAT活性、GR活性和POD活性都是单独为一类，但在方差分析时，GR酶活性在不同低温处理下都达到显著或极显著差异的水平，可以选择GR酶活性为保护酶活性的代表指标。

综合相关性分析、方差分析和聚类分析的结果，油棕抗寒鉴定指标可以简化为MDA含量或脯氨酸含量和GR酶活性，其中MDA含量或脯氨酸含量为渗透调节指标，GR酶活性为保护酶活性的代表指标。

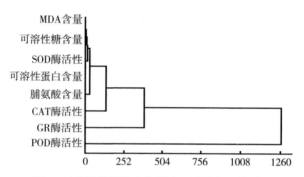

图3-4　油棕资源抗寒相关生理生化指标聚类图

本研究结果表明，随着处理温度的降低，4份油棕资源的丙二醛含量、可溶性糖含量、可溶性蛋白含量和脯氨酸含量都呈现上升趋势，丙二醛含量和可溶性糖含量变化幅度表现为OG＞BD＞BE＞TE，可溶性蛋白含量和脯氨酸含量的变化幅度表现为变化幅度依次为TE＞BE＞BD＞OG，4份油棕资源的抗寒性表现为TE＞BE＞BD＞OG。保护性酶类SOD、POD、CAT和APX酶活性随着处理温度的降低，呈现先上升后下降的趋势，表明其可通过提高酶活性来增强对低温的适应性，但油棕对低温较为敏感，随后活性下降。

对不同抗寒生理生化指标相关性分析的结果表明：MDA含量、脯氨酸含量和GR酶活性与其他指标间相关性较高，且在方差分析中，这3个指标在不同处理间差异均达显著或极显著水平。通过对相关聚类分析，同一相似类别可选用一个指标因子代表其他指标因子，与方差分析、相关性分析和的结果相结合，油棕抗寒鉴定指标可以简化为 MDA 含量或脯氨酸含量和 GR 酶活性，其中 MDA 含量或脯氨酸含量为渗透调节指标，GR 酶活性为保护酶活性的代表指标。

总之，通过对油棕抗寒相关生理生化指标筛选及其评价的研究发现，抗寒性强弱的顺序依次为 TE ＞ BE ＞ BD ＞ OG。资源 TE 的抗寒性较强，OG 的抗寒性较差，MDA 含量或脯氨酸和 GR 酶活性与油棕的抗寒性密切相关，并且在不同低温处理间差异较大，可以聚为不同类分别代表渗透调节物质和保护酶类的指标，可作为油棕品种间耐冷性鉴定的良好生理指标，在油棕抗寒种质资源的鉴定和筛选时利用。

三、油棕资源低温半致死温度及其耐寒性研究

以来自亚洲的马来西亚的 3 个资源 YGH、GH、HRU，来自非洲科特迪瓦的资源 OPKT，海南本地厚壳种 OPBD 共 5 个油棕资源的 18 个月生的盆栽苗为材料。其中 1 组于 25 ℃的光照箱下为对照组。其余 4 组放入不同的光照箱中，分别做降温处理，处理温度分别为：15 ℃、10 ℃、5 ℃和 0 ℃，当达到所需的冷冻温度时，维持 12 h。处理后的样品于室内静置 12 h 后测定油棕叶片相对电导率的测定，计算半致死温度（LT_{50}），评价了不同来源地油棕资源的耐寒性，为油棕抗寒种质资源的引进和耐寒品种的选育提供依据。

（一）叶片伤害率与处理温度的关系

从图 3-5 可知，5 种油棕资源的叶片伤害率随着温度的降低而增加。YGH、GH、HRU、OPKT、OPBD 资源在 15 ℃、10 ℃、

5 ℃和 0 ℃的伤害率分别为 5.41%、4.27%、1.63%、1.10%；9.88%、5.35%、4.60%、3.33%；6.35%、5.42%、4.96%、4.45%；7.88%、4.24%、3.55%、2.78%；6.77%、5.49%、3.85%、2.84%。

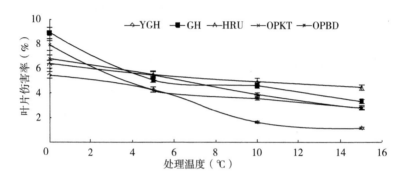

图 3-5　低温胁迫下不同油棕资源叶片伤害率的变化

在不同低温处理下，GH 和 HRU 的叶片伤害率高，耐寒性较差；OPBD 和 OPKT 的叶片伤害率较低，耐寒性较强。尤其在 0 ℃处理时，与 15 ℃相比，YGH、GH、HRU、OPKT、OPBD 资源分别增加 392.31%、196.47%、42.66%、183.83%、138.24%，伤害率变化非常明显。

（二）叶片相对电导率与处理温度的关系

由图 3-6 可知，在不同低温处理下，5 个油棕资源叶片外渗液的电导率随着温度的降低而升高，YGH、GH、HRU、OPKT、OPBD 资源在 0 ℃、5 ℃、10 ℃、15 ℃、25 ℃（对照组）和的伤害率分别为 16.26%、15.25%、12.90%、12.44%、11.47%；18.01%、13.88%、13.20%、12.05%、9.01%；16.36%、15.52%、15.10%、14.66%、10.69%；15.46%、12.11%、11.50%、10.77%、8.22%；12.86%、11.67%、10.10%、9.19%、6.54%。

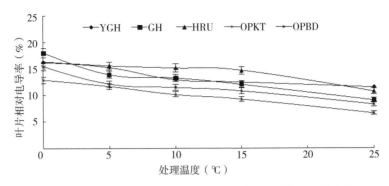

图 3-6　低温胁迫下不同油棕资源叶片外渗液相对电导率的变化

在不同低温处理下，GH 和 HRU 的叶片相对电导率较高，细胞内电解质外渗较多，膜透性较大，耐寒性较差；OPBD 和 OPKT 的叶片相对电导率较低，耐寒性较强。其中 0 ℃处理下叶片相对电导率的变化较为明显，与 25 ℃（对照组）处理相比，YGH、GH、HRU、OPKT、OPBD 资源的相对电导率分别增加 26.44%、30.68%、27.72%、35.36%、75.38%。同时，在低温胁迫下，叶片相对电导率在不同温度下变化明显，可作为反映油棕低温胁迫的重要指标。

（三）低温处理下油棕不同品种半致死温度的确定

半致死温度（LT_{50}）作为植物抗寒性的重要指标之一。根据测定的半致死温度平均值来判断各品种抗寒性，由强到弱排序依次为：OPBD（3.57 ℃）＞OPKT（3.84 ℃）＞YGH（4.27 ℃）＞GH（5.85 ℃）＞HRU（6.69 ℃），其半致死温度范围在 3.57 ℃到 6.69 ℃之间（表 3-8）。该研究结果为油棕种质资源的评价和耐寒品种的选育提供理论依据。

表 3-8 不同油棕资源低温胁迫过程中相对电导率回归方程及半致死温度

品种	拟合方程	拟合度 R^2	半致死温度 LT_{50}（℃）	抗寒性顺序
YGH	$y = 30/(1 + 0.894e0.0262x)$	0.95**	4.27	3
GH	$y = 30/(1 + 0.7853e0.0413x)$	0.94**	5.85	4
HRU	$y = 31/(1 + 0.845e0.0252x)$	0.898*	6.69	5
OPKT	$y = 27/(1 + 0.8651e0.0378x)$	0.95**	3.84	2
BD	$y = 24/(1 + 0.8648e0.0406x)$	0.97**	3.57	1

* 和 ** 分别表示拟合度为显著或极显著水平。

　　本研究评价了不同来源地的油棕种质资源的耐寒性。结果表明，在低温胁迫过程中，5 个油棕种质资源的叶片伤害率和相对电导率均随温度的下降而持续上升，耐寒性大小顺序依次为：OPBD > OPKT > YGH > GH > HRU，其半致死温度范围在 3.57℃到 6.69℃之间。其中来自海南本地厚壳种 OPBD 和非洲科特迪瓦的资源 OPKT 的半致死温度较低，耐寒能力强，可能与海南本地厚壳种 OPBD 在海南栽培较久，适应性强有关；而的非洲科特迪瓦的资源 OPKT 的主要特点是抗逆性强，这 2 个种质资源可做抗寒育种的材料进行应用。来自亚洲马来西亚的 GH、HRU 在低温处理的过程中，叶片的伤害率值、电导率值、低温半致死温度都比较大，耐寒性较差，可能由于这些资源长期在高温多雨的环境中生长，抗寒性较弱，在东南亚引进油棕资源时，从海拔高的地区引进，抗寒性可能较强。

　　海南虽然属热带季风气候，但每年 12 月至翌年 1 月都有不同程度低温出现，有些年份非常明显，给油棕的生长带来严重的损失。本次研究的 5 个油棕种质资源的半致死温度都较高，容易受到寒害的影响，如果直接从东南亚引进油棕品种，虽然产量高，但其抗寒适应性需要进一步的观察研究。通过对马来西亚和非洲引进，或者在海南已经种植较长时间的育种材料进行利用，可能培育出适合我国的高产、抗寒的品种。

四、低温对油棕可溶性糖转运分配的影响

以二年生的油棕幼苗为材料，在 2012 年 10 月 26 日至 11 月 26 日实验期间，根据海南的气温变化规律，以正常自然条件下盆栽处理为对照（最低温度 23 ℃），根据自然条件下温度的日变化进行模拟，设置不同的最低温度处理：T_1（最低温度 16 ℃）、T_2（最低温度 12 ℃）、T_3（最低温度 8 ℃），在经过低温处理 30 天后，测定新叶、第 5 片老叶和叶柄、根部等部位可溶性糖含量的变化。

（一）低温对油棕不同部位可溶性糖的影响

由表 3-9 可知，随着处理温度的降低，不同部位可溶性糖的含量都随之降低，但是新叶和叶柄的可溶性糖含量较高，老叶和根的可溶性糖含量相对较低。其中 T_1、T_2、T_3 处理新叶可溶性糖含量和对照组相比达到极显著差异的水平，分别比对照降低了 21.90%、75.70%、85.17%；T_2、T_3 处理老叶的可溶性糖含量和对照组相比分别达到显著差异的水平，T_1、T_2、T_3 处理和对照组相比，分别降低了 5.99%、10.52%、28.13%，不同低温处理对油棕幼苗老叶可溶性糖含量的影响整体上不如新叶的大，可能是老叶生长发育稳定，对低温有较大的抗性，可溶性糖含量的变化较小；T_1、T_2、T_3 处理叶柄的可溶性糖含量和对照组相比分别达到极显著差异的水平，比对照降低了 19.07%、42.80%、63.59%；T_1、T_2、T_3 处理根的可溶性糖含量和对照组相比分别达到极显著差异的水平，分别比对照降低了 17.58%、41.55%、84.74%。

出现此种现象的原因可能与低温处理的时间较长有关，尤其是 T_3 处理油棕幼苗新叶和根均出现了不同程度的枯萎与溃烂，生长发育受到了严重的影响，甚至是死亡，而 T_2 处理时油棕新叶生长极为缓慢或停止生长，出现较少量的枯萎现象。对照组和 T_1 处理下油棕幼苗的生长较为正常。

表 3-9　不同温度处理下油棕不同部位可溶性糖含量的比较

处理	可溶性糖含量（mg/g）			
	新叶	老叶	叶柄	根
自然常温处理	203.68aA	119.34aA	225.96aA	174.43aA
T_1（16 ℃）	159.08bB	112.19abA	182.88bB	143.76bB
T_2（12 ℃）	49.49cC	106.78bA	129.26cC	101.95cC
T_3（8 ℃）	30.21dD	85.77cB	82.28dD	26.61dD

（二）低温对不同部位可溶性糖分配比例的影响

由表 3-10 可知，T_1 处理和对照处理的地上部/地下部可溶性糖含量的比例相差不大；T_2 处理时，可能已经对油棕的生长发育起到抑制作用，尤其是新叶的可溶性含量变化幅度较大，致使地上部/地下部可溶性糖含量的比例降低；在 T_3 处理，根系已经基本萎蔫腐烂，所以可溶性糖的含量非常低，地上部/地下部可溶性糖含量的比例变大。

表 3-10　低温对不同部位可溶性糖分配比例的影响

处理	地上部可溶性糖含量（mg/g）	地上部/地下部可溶性糖含量的比例（%）
自然常温处理	548.98	3.15
T_1（16 ℃）	454.15	3.16
T_2（12 ℃）	285.53	2.80
T_3（8 ℃）	198.26	7.45

（三）低温处理后油棕幼苗的受害与恢复情况

和对照组相比，在 T_1 低温处理下植株生长完好，无明显受害，生长发育较为缓慢；T_2 处理的受害症状主要表现为第 8 天老叶和心叶开始出现枯萎，第 20 天叶片变干，随后变褐失水，第 25 天时心叶底部出现糜烂现象；T_3 处理第 6 天叶片就开始出现稍有萎蔫现象，第 20 天叶片全部都变成褐色，严重失水，随后心叶底部出现糜烂现象。把所有处理的植株在室外自然条件下进行恢复生长的研究表明，T_1 处理的植株在室外条件下逐渐恢复正常生长，T_2 处理植株幼苗死亡率为 33.33%，T_3 处理的植株幼苗全部死亡，无法恢复。

本研究表明，油棕幼苗可溶性糖含量随处理温度的降低而增加，其变化幅度为新叶＞叶柄与根部＞老叶，T_1 处理对可溶性的含量及分配影响不大，T_2 处理的影响较为明显，T_3 处理导致油棕植株的死亡。该研究结果为探明油棕在不同低温处理下可溶性糖的转运与分配的变化特性奠定理论基础。

五、低温胁迫对油棕叶片养分含量变化的影响

以二年生的油棕幼苗为材料，根据温度的日变化规律，设置 4 个不同的温度处理，分别为对照组（自然处理最低温度 18 ℃）、T_1 处理（16 ℃）、T_2 处理（12 ℃）、T_3 处理（8 ℃），处理 20 天后，分析在不同低温处理下叶片大量和微量营养元素含量的变化规律，研究结果如下。

（一）不同低温胁迫下油棕幼苗叶片氮、磷、钾和镁的含量

从表 3-11 可知，叶片氮含量在对照组、T_1、T_2 和 T_3 处理下分别为 27.70、28.77、27.31、19.22 mg/g，对照组、T_1、T_2 3 个处理

之间都未达到显著差异水平，T_3处理比对照组降低33.19%，与其他处理都达到显著差异水平。

叶片磷的含量在对照组、T_1、T_2和T_3处理下分别为1.05、0.88、0.73、0.97 mg/g，在低温处理过程中变化不大，虽然比对照组有所降低，但都未达到显著差异的水平。

叶片钾的含量变化较大，各处理间都达到显著差异的水平，对照组、T_1、T_2和T_3处理下分别为19.46、14.64、15.48、22.61 mg/g，T_1、T_2处理比对照组分别降低24.77%和20.45%，但在T_3处理下反而增加16.19%。

叶片镁的含量在对照组、T_1、T_2和T_3处理下分别为4.62、4.53、4.43、7.98 mg/g，T_1、T_2处理下的叶片镁含量比对照组分别降低在1.95%、4.19%，对照组、T_1和T_2 3个处理间都未达到显著差异的水平，但在T_3处理下比对照组增加53.68%，与其他处理间都达到显著差异的水平。

表3-11　不同低温胁迫下油棕幼苗叶片氮、磷、钾和镁的含量

营养元素	对照组	T_1	T_2	T_3
氮（mg/g）	27.70±0.01aA	28.77±0.17aA	27.31±0.05aA	19.22±0.53bA
磷（mg/g）	1.05±0.01aA	0.88±0.02aA	0.73±0.01aA	0.97±0.04aA
钾（mg/g）	19.46±0.03bB	14.64±0.03dD	15.48±0.03cC	22.61±0.01aA
镁（mg/g）	4.62±0.08bA	4.53±0.08bA	4.43±0.01bA	7.98±0.02aA

（二）低温对油棕幼苗叶片铜、铁、锰、锌含量的影响

从表3-12可知，对照组、T_1、T_2和T_3处理下叶片铜的含量分别为10.764、8.151、8.117和9.539 mg/kg，T_1、T_2和T_3处理分别

比对照组降低 24.28%、24.59% 和 11.38%，对照组与 T_1、T_2 达到显著差异水平，与 T_3 未达到显著差异水平。

叶片铁含量在低温处理下，T_1、T_2、T_3 和对照组相比，分别下降 23.37%、5.39% 和 7.11%，T_1 处理与其他处理达到显著差异水平，T_2、T_3 与对照组之间未达到显著差异的水平。

对照组、T_1、T_2 和 T_3 处理下叶片锰含量分别为 171.629、325.171、375.325 和 207.017 mg/kg，分别比对照增加 89.46%、118.68% 和 20.62%，在低温处理下都表现出增加的趋势，各处理间都达到显著差异的水平。

对照组、T_1、T_2 和 T_3 处理下叶片锌含量分别为 25.479、27.419、30.017 和 41.613 mg/kg，分别比对照增加 1.94%、4.54% 和 16.13%，在低温处理下都表现出增加的趋势，对照组和 T_2、T_3 处理达到显著差异的水平，与 T_1 未达到显著差异的水平。

表 3-12　不同低温胁迫下油棕幼苗叶片铜、铁、锰、锌的含量

营养元素	对照组	T_1	T_2	T_3
铜（mg/kg）	10.76±0.21aA	8.15±0.36bA	8.12±0.53bA	9.54±1.06abA
铁（mg/kg）	2.02±0.08aA	1.55±0.01bB	1.92±0.02aAB	1.88±0.07aAB
锰（mg/kg）	171.63±1.34aA	325.17±4.38bB	375.33±5.24cC	207.02±2.88dD
锌（mg/kg）	25.48±0.65cC	27.42±0.19cBC	30.02±0.07bB	41.61±1.39aA

本研究表明，油棕叶片中氮、磷含量随着温度的降低而减少，钾、镁含量在 T_1 和 T_2 处理下均比对照组低，但在 T_3 处理时比对照组高，铜和铁的含量在低温处理下均比对照组的低，锰和锌的含量在低温处理下比对照组高。叶片氮、磷、钾、镁、铜和锌的含量

都表现为在 T_1 和 T_2 处理下比对照的对照组低，可能低温影响了油棕养分的吸收运转，而 T_3 处理下的钾和镁的含量都表现较高的含量，并和对照达到显著差异的水平，可能该处理温度较低，处理后样品失水萎蔫，导致测定的结果偏高；但是锰和锌的含量在低温处理下都比对照组高，尤其在 T_2 和 T_3 处理下，与对照达到显著差异的水平。因此，在低温季节，要增施肥料，提高植株对低温的适应能力，但如果温度太低（T_3 处理），导致油棕生长紊乱，影响其对养分的吸收和利用。

六、油棕叶片不同营养元素对季节性寒害的反应变化规律研究

2007 年冬季至 2008 年春季长时间的低温寒害后，对中国热带农业科学院椰子研究所油棕基地的成龄油棕大树进行了寒害营养调查，并对不同季节油棕叶片营养状况的变化进行了研究，旨在了解油棕受到寒害以及在不同季节的变化过程中叶片大中量营养元素含量变化状况，同时为加强油棕施肥管理，提高抗寒栽培措施和植株耐寒力等提供科学依据。

2007—2008 年海南文昌的气象资料显示如表 3-13 和图 3-7 所示，文昌市 2008 年 1 月有 7 天日平均温度低于 15.0 ℃，1 月极端最低温度 9.4 ℃，1 月平均温度 17.9 ℃；2 月有 16 天日平均温度低于 15.0 ℃，2 月极端最低温度 9.2 ℃，2 月平均温度 15.0 ℃。降水量在一年中的分布很不均匀，10 月是雨量最多的季节，11 月至翌年 3 月降水量较少。

表 3-13　海南省文昌市 2007—2008 年的月平均气温、极低气温和降水量

日期	月平均气温（℃）	月降水总量（mm）	极低气温（℃）	≤15℃天数
2007.10	25.1	523.7	18.7	
2007.11	21.3	14.2	9.0	
2007.12	21.1	3.3	13.7	
2008.1	17.9	134.1	9.4	7
2008.2	15.0	63.4	9.2	16
2008.3	21.9	61.0	11.0	—
2008.7	28.3	167.4	—	—
2008.10	26.3	806.8	—	—

资料来源：海南省文昌市气象局。

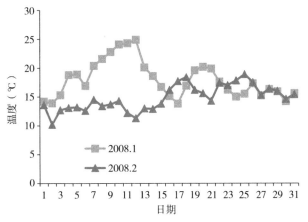

图 3-7　海南省文昌市 2008 年 1—2 月日平均气温变化

（一）油棕叶片氮含量季节性变化

从图 3-8 中可以看出，油棕叶片氮含量在 2007 年 10 月至 2008 年 10 月的周年变化中，氮含量呈现出先下降后上升的趋势，在 2008 年 1—2 月出现低温阴雨天气期间，油棕叶片氮含量仍呈明显下降的趋势，而后缓慢有所增加。第 2 株在 7 月含量下降明显。

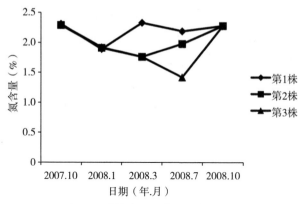

图3-8　叶片中氮元素对寒害的反应

（二）油棕叶片磷含量季节性变化

磷是植物吸收的大量元素之一。在植物的生命活动中它是构成蛋白质及酶的组成部分，也是构成植物生命活动所需能量的ATP和NADP不可缺少的成分。从图3-9中可以看出，3株油棕成龄大树叶片虽然磷含量有所差异，但其在一年中不同季节以及对冬季寒害却表现出非常一致的变化规律。在2008年1—2月出现低温阴雨天气期间，油棕叶片磷含量呈明显下降的趋势，在3月（春季）

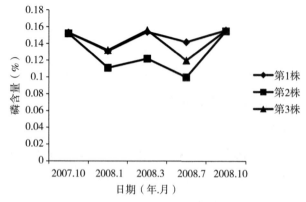

图3-9　叶片中磷元素对寒害的反应

磷含量后有所增加，在7月（夏季）磷含量又都降低，而在10月（秋季）磷含量又增加。而且比上年10月的磷含量略低，在整个周年的季节变化中呈现规则的"W"变化曲线。

（三）油棕叶片钾和钙含量季节性变化

　　钾是植物生长的三要素之一，任何一种必需的营养元素在作物体内的生理功能是不可代替和同等重要的，缺少任何一种都会导致作物生理生态方面受到抑制作用，所在低温情况下植物的生长状况反映了其抗寒能力的强弱。植物体内良好的钾素营养有助于减轻低温伤害，增强冷敏感植物的抗寒性。从图3-10中可以看出，油棕

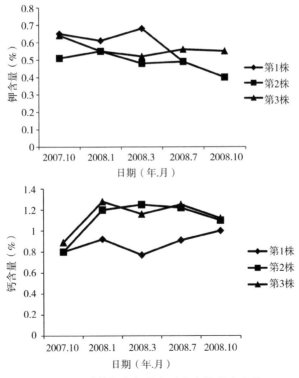

图3-10　叶片钾和钙元素对寒害的反应变化

叶片钾含量在 2007 年 10 月至 2008 年 10 月的周年变化中，呈现下降趋势，在整个周年的季节变化中都没有呈现出明显的变化曲线，变化幅度不大。

从图 3-10 中可以看出，3 株油棕成龄大树叶片虽然钙含量有所差异，但其在一年中不同季节以及对冬季寒害却表现出非常一致的变化规律。在 2008 年 1—2 月出现低温阴雨天气期间，油棕叶片钙含量呈明显增高的趋势，在 3 月（春季）钙含量后有所降低，在 7 月（夏季）钙含量又都升高，而在 10 月（秋季）钙含量又降低。而且比上年 10 月的钙含量明显增高，在整个周年的季节变化中呈现规则的"M"变化曲线。

（四）油棕叶片钠含量季节性变化

钠泵（Na^+，K^+-ATP 酶）的活动对维持细胞的正常功能具有重要作用。钠泵活动造成的细胞内高 K^+ 为胞质内许多代谢反应所必须，可建立 Na^+ 的跨膜浓度梯度，为继发性主动转运的物质提供势能储备。从图 3-11 可以看出，油棕叶片 Na 含量在 2007 年 10 月至 2008 年 10 月的周年变化中，呈现出明显的下降趋势，在 2008 年 1—2 月虽然出现低温阴雨天气，但油棕叶片 Na 元素含量仍呈增高的趋势，而到 2008 年 3—4 月的春季则其含量又统一降低。

本研究中，氮元素在寒害期间整体呈现降低趋势，而后缓慢升高。磷含量在寒害期间明显下降，在整个周年的季节变化中呈现规则的"W"变化曲线。油棕叶片钾含量在 2007 年 10 月至 2008 年 10 月的周年变化中，呈现下降趋势；油棕树在 2008 年 1—2 月寒害期间，油棕叶片钙含量呈明显增高的趋势，而且比上年 10 月期间的钙含量明显增高；油棕叶片钠含量在周年季节变化中，呈现出明显的下降趋势，寒害期间油棕叶片钠元素含量仍呈增高的趋势。

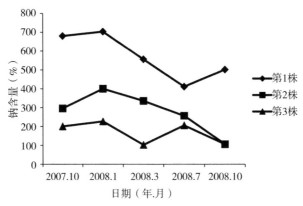

图 3-11　叶片中钠元素对寒害的反应变化

　　通过相关性可知，氮与磷营养含量之间为极显著正相关（$r=0.693**$）。因此，氮与磷之间存在协助作用，由于磷参与氮代谢、硝酸盐还原、氮同化及蛋白质合成等过程，因此磷含量的降低也会在一定程度上影响叶片氮含量。

　　低温使作物的能量消耗加大，致使寒害期间的叶片磷含量下降。本研究中磷含量则在春季（3 月）和秋季（10 月）期间较高。钾是植物生长的三要素之一，钾能够促进储备养分的水解和运输，从而提高作物的抗寒力和加快受伤部位的恢复，因而低温使钾的消耗量增大，致使叶片钾含量下降。钾和钠的整体浓度在周年季节变化中降低也可能因为钾属于可移动元素，当嫩叶抽出并展开时，一部分钾会重新分配到其他嫩叶中，所以钾浓度降低。钙含量与上年和当年的有害积寒都呈负相关。钙含量在寒害期间增高是因为寒害使得叶片数量大幅度减少，这样虽然养分总量减少了，但浓度却有所增加，翌年随着树冠的恢复，叶片数量的增加，浓度才出现下降。钙在植物体内属于不可移动的元素，所以会逐步累积而不会重

新分配到其他部位或嫩叶中，随着时间的推移钙含量会增高。

　　油棕树体生长量大，对养分需求量大，根据不同季节油棕叶片营养的变化状况及冬春季节寒害的表现指导施肥，既能降低环境变化对油棕生长的影响，又能保持树体的产量。

七、脱落酸（ABA）处理对油棕抗寒特性的影响

（一）ABA 对低温胁迫油棕叶片生理指标的影响

　　由表 3-14 可知，10 ℃低温胁迫后各 ABA 处理油棕幼苗叶片的生理指标均高于对照组，说明低温胁迫使油棕幼苗叶片中的可溶性蛋白、可溶性糖及脯氨酸含量升高，进而可提高油棕幼苗叶片的抗寒能力；同时，H_2O_2 和 MDA 含量及质膜透性升高导致细胞膜受到一定程度的氧化伤害。其中，100 μmol/L 和 200 μmol/L ABA 处理的叶片可溶性蛋白含量显著高于 0 μmol/L ABA 处理（$P < 0.05$，下同），分别提高了 41.82% 和 90.91%；与喷施 0 μmol/L ABA 处理相比，50 μmol/L ABA 处理的叶片可溶性糖含量变化不明显，而 100 μmol/L 和 200 μmol/L ABA 处理的可溶性糖含量显著降低；100 μmol/L ABA 处理的脯氨酸含量（44.99 g）显著高于其他处理；50 μmol/L、100 μmol/L 和 200 μmol/L ABA 处理的质膜透性及 H_2O_2 含量均低于 0 μmol/L ABA 处理，即喷施一定浓度 ABA 可缓解细胞膜受到氧化伤害，其中 200 μmol/L ABA 处理的质膜透性及 H_2O_2：含量显著低于 0 和 50 μmo1/L 处理，与对照组差异不显著（$P > 0.05$，下同），说明 200 μmol/L ABA 处理的油棕幼苗较耐寒；50 μmol/L、100 μmol/L 和 200 μmol/L ABA 处理的 MDA 含量分别比 0 μmol/L ABA 处理下降 5.41%、18.70% 和 21.18%，说明喷施一定浓度 ABA 可提高油棕幼苗叶片的抗寒性。

表 3-14　喷施不同浓度 ABA 对低温胁迫油棕叶片生理指标的影响

ABA 浓度 （µmol/L）	可溶性蛋白含量 （mg/g FW）	可溶性糖含量 （mmol/g）	质膜透性 （%）	MDA 含量 （µmol/g）	脯氨酸含量 （µg/g）	H₂O₂ 含量 （µmol/g）
对照组	0.48c	66.69c	11.34c	20.31b	13.38c	44.88d
0	0.55c	89.18a	17.42a	31.45a	30.48b	112.14a
50	0.63bc	84.62ab	16.74a	29.75a	33.07b	82.73b
100	0.78b	80.90b	15.02ab	25.57ab	44.99a	76.26bc
200	1.05a	79.92b	13.47bc	24.79ab	34.50b	59.47cd

（二）ABA 对低温胁迫油棕叶片 SOD 和 POD 活性的影响

从图 3-12 可以看出，对照组的 SOD 活性最高，低温胁迫后各 ABA 处理的 SOD 活性均呈明显下降趋势与 0 µmol/L ABA 处理相比，50 µmol/L ABA 处理的 SOD 活性变化不明显，而 100 µmol/L 和 200 µmol/L ABA 处理的 SOD 活性显著下降，说明 ABA 对油棕叶片 SOD 活性有抑制作用。从图 3-13 可以看出，0 µmol/L ABA 处理的 POD 活性显著低于其他处理，50 µmol/L、100 µmol/L 和 200 µmol/L ABA 处理的 POD 活性均高于对照组，其中 50 µmol/L ABA 处理的

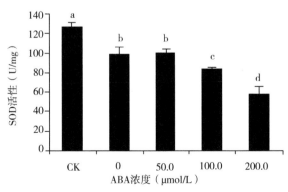

图 3-12　喷施不同浓度 ABA 对低温胁迫油棕幼苗叶片 SOD 活性的影响

POD 活性显著高于其他处理，说明喷施一定浓度 ABA 可提高油棕叶片的 POD 活性，进而减少低温胁迫产生 H_2O_2，降低氧化伤害。

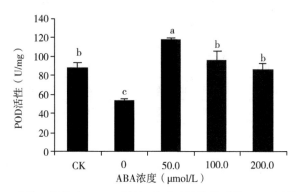

图 3-13 喷施不同浓度 ABA 对低温胁迫油棕幼苗叶片 POD 活性的影响

第二节 油棕低温逆境应答的细胞生物学基础研究

研究在低温处理下其解剖结构相关指标的变化和响应机制，尤其细胞微观结构的稳定性与抗寒性的关系，筛选与抗寒密切相关的叶片结构指标，阐述油棕对低温适应的细胞学基础。

一、不同低温处理对油棕叶片解剖结构的影响

选取生长一致、二年生的盆栽苗在植物光照培养箱中进行低温胁迫，根据自然条件下温度的日变化进行模拟，设置不同的最低温度处理：分别为对照组［自然处理最低温度（18 ℃）］、T_1（16 ℃）、T_2（12 ℃）、T_3（8 ℃），处理 20 天后对其在不同低温处理下的叶片的伤害情况、解剖结构和扫描电镜的变化进行了分析研究。研究结

果如下。

（一）低温胁迫下植株的寒害表现

对二年生油棕在不同低温胁迫下植株的寒害情况进行观察发现（表 3-15），油棕在以自然温度为对照处理条件下，油棕幼苗生长正常，植株叶形、叶色未见明显变化，无萎蔫脱水的现象出现；在 T_1（最低温度 16 ℃）处理第 8 天时开始出现叶片萎蔫的现象，第 16 天叶片缩紧，第 17 天叶片轻度折叠，第 20 天叶片有点变干；在 T_2（最低温度 12 ℃）处理时，也是第 8 天开始出现叶片萎蔫的现象，但第 11 天叶片缩紧，第 17 天叶片变干，第 19 天表现为少许叶片变褐，第 20 天和第 19 天的变化差异不大；而在 T_3（最低温度 8 ℃）处理时，第 6 天叶片就开始出现叶片萎蔫的现象，第 10 天叶片缩紧，第 16 天时发现叶片收紧靠拢，部分叶片失水变褐，第 20 天叶片全部都变成褐色，严重失水。由此可知，随着温度的降低，植株寒害症状不断加剧，出现萎蔫和叶片紧缩的时间越来越早，失水现象越严重。

表 3-15　不同温度处理下油棕叶片寒害的变化

处理天数	对照组	T_1	T_2	T_3
1	正常	正常	正常	正常
2	正常	正常	正常	正常
3	正常	正常	正常	正常
4	正常	正常	正常	正常
5	正常	正常	正常	正常
6	正常	正常	正常	叶片萎蔫
7	正常	正常	正常	叶片萎蔫
8	正常	叶片萎蔫	叶片萎蔫	叶片萎蔫

续表

处理天数	对照组	T₁	T₂	T₃
9	正常	叶片萎蔫	叶片萎蔫	叶片萎蔫
10	正常	叶片萎蔫	叶片萎蔫	叶片缩紧
11	正常	叶片萎蔫	叶片缩紧	叶片缩紧
12	正常	叶片萎蔫	叶片缩紧	叶片轻度折叠
13	正常	叶片萎蔫	叶片缩紧	叶片轻度折叠
14	正常	叶片萎蔫	叶片轻度折叠	叶片折叠
15	正常	叶片萎蔫	叶片轻度折叠	叶片折叠
16	正常	叶片缩紧	叶片折叠	叶片收紧、变褐
17	正常	叶片轻度折叠	叶片折叠、变干	叶片褐色、失水
18	正常	叶片轻度折叠	叶片折叠、变干	叶片褐色、失水
19	正常	叶片折叠	少许叶片变褐	叶片褐色、失水
20	正常	叶片折叠、变干	少许叶片变褐	全部褐色、严重失水

（二）低温胁迫下叶片的解剖结构形态比较

对不同低温处理下油棕解剖结构变化的研究发现（图3-14），气孔多分布于下表皮，在正常自然处理条件下栅栏组织排列紧密，但随着处理温度的下降，细胞失水程度不断增大，细胞间隙越来越大，栅栏组织单个细胞长度越变越大，排列越来越不规则，栅栏组织的厚度变小；在正常自然条件下海绵组织边缘规则，随着温度的下降，胞间隙扩大，边缘越来越不规则；尤其在T₃处理下，栅栏组织和海绵组织几乎不能区别，细胞结构变形。

（三）低温胁迫下叶片组织解剖结构指标比较分析

1. 叶片厚度和角质层厚度

由表3-16可知，随着处理温度的降低，油棕叶片厚度逐渐减

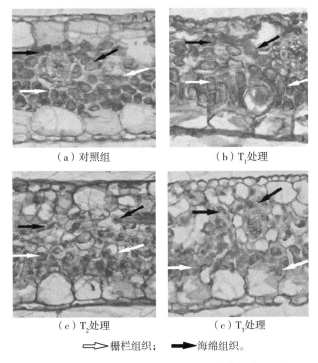

（a）对照组　　　　　　　　　　（b）T$_1$处理

（c）T$_2$处理　　　　　　　　　　（c）T$_3$处理

⇨ 栅栏组织；　➡ 海绵组织。

图 3-14　不同温度处理下油棕幼苗叶片解剖结构

小，对照组的叶片厚度和 T$_1$、T$_2$、T$_3$ 处理都存在显著水平的差异，并且 T$_2$、T$_3$ 处理之间还达到极显著差异水平。T$_1$、T$_2$、T$_3$ 处理的叶片厚度与对照组相比，分别减少了 4.26%、9.40%、30.84%；表明 T$_1$ 处理的低温即对叶片产生胁迫，在 T$_2$、T$_3$ 处理下叶片受到胁迫伤害加深。

上下角质层厚度变化呈现先下降后上升的趋势。T$_1$ 处理和对照组的上下角质层厚度相比分别降低了 10.95%、3.23%，但都未达到显著差异的水平；T$_2$ 和 T$_3$ 处理的上下角质层厚度分别与对照组差异达到极显著水平，其上角质层厚度分别比对照组减少了 58.33%、

48.38%，下角质层厚度分别比对照组减少 52.66%、46.66%。但在 T_3 处理中，角质层厚度反而比 T_2 处理有所增加，可能与该处理下角质层结构已变形有关。

2. 表皮厚度和复表皮厚度变化

由表 3-16 可知，T_1 处理下上下表皮的厚度都比对照组处理的值低，降幅分别达 21.03%、16.79%。但未达到显著差异水平。但在 T_2 和 T_3 处理下的表皮厚度反而比 T_1 处理的值高，可能因为气孔多分布于表皮，随着低温胁迫的进行，气孔关闭，使得视野中观察到的表皮厚度反而增加，可能油棕表皮厚度对 T_2、T_3 处理反应较为敏感。

上下复表皮厚度均随着温度的降低而呈现下降的趋势，T_1、T_2 和 T_3 处理组的上复表皮厚度分别比对照组减少 10.94%、22.80%、31.25%，下复表皮厚度分别比对照组减少 7.50%、29.17%、46.67%。其中对照组处理的上下复表皮厚度分别与 T_2 和 T_3 处理达到极显著差异水平，但与 T_1 处理未达到显著差异水平。

3. 栅栏组织厚度与海绵组织厚度变化

栅栏组织厚度和海绵组织厚度随着温度降低而降低，与叶片厚度变化趋势一致。T_1、T_2 和 T_3 处理组的栅栏组织厚度分别比对照组减少 4.38%、15.63%、35.63%，栅栏组织厚度分别比对照组减少 9.87%、13.00%、42.60%（表 3-16）。栅栏组织厚度在 T_3 处理下与 T_1、T_2、对照组的差异分别达到极显著差异水平，而海绵组织厚度的变化也表现出了类似的结果，可能与该处理下栅栏组织和海绵组织结构严重破坏变形有关。

表 3-16 不同低温胁迫下叶片解剖结构的比较

测定指标	对照组	T_1	T_2	T_3
叶片总厚度（μm）	179.25±7.94aA	162.85±7.34bB	146.72±7.17cC	113.69±10.30dD
上角质层厚度（μm）	2.10±0.50aA	1.87±0.65aA	0.88±0.63bB	1.10±0.21bB
下角质层厚度（μm）	1.55±0.38aA	1.50±0.75aA	0.80±0.52bB	0.88±0.19bAB
上表皮厚度（μm）	7.75±1.84aA	6.12±1.24bA	6.87±1.21abA	6.62±1.18abA
下表皮厚度（μm）	6.55±1.68abA	5.45±1.26bA	6.62±1.32abA	6.90±0.63aA
栅栏组织厚度（μm）	40.00±6.66aA	38.25±6.46aA	33.75±5.17bB	25.75±3.91cC
海绵组织厚度（μm）	55.75±6.87aA	50.25±7.76bB	48.50±8.35bB	32.00±5.74cC
上复表皮厚度（μm）	35.55±7.26aA	31.66±4.67abAB	28.05±4.67abAB	24.44±6.22cC
下复表皮厚度（μm）	30.00±5.40aA	27.75±5.70aAB	21.25±6.89bBC	16.00±3.37cC
组织紧密度（CTR）（%）	22.32±3.75aA	23.49±3.35abA	23.00±4.48abA	22.65±3.28bA
组织疏松度（SR）（%）	31.10±4.23aA	30.86±4.24bB	33.06±4.02cB	28.15±4.13dC
栅栏组织厚度与海绵组织厚度比（P/S）	0.72±0.23aA	0.76±0.13aA	0.70±0.18aA	0.80±0.24aA

注：组织结构紧密度（CTR）＝栅栏组织厚度／叶片总厚度×100%；组织疏松度（SR）＝海绵组织厚度／叶片总厚度×100%。

4. 栅栏组织厚度/叶片总厚度（CTR）、海绵组织厚度/叶片总厚度（SR）、栅栏组织厚度与海绵组织厚度比（P/S）的变化

根据表3-16所示，CTR值在不同温度处理下变化幅度较小，仅有对照组和T_3处理达到显著差异的水平，所有处理之间都未达到极显著差异的水平。SR值在不同处理之间都达到显著差异的水平，T_3处理和对照处理还达到极显著差异的水平。在不同低温胁迫下，P/S值在不同低温处理下变化不明显，都未达到显著差异的水平。

本研究发现叶片厚度、表皮厚度、栅栏组织厚度等指标随着温度的降低，呈现递减趋势。在低温处理下，叶片厚度减小，可能是随着处理温度的降低，造成细胞脱水，根部吸水能力降低，植株通过叶片厚度的减少达到降低组织含水量，增加胞液的浓度以提高抗寒能力，同时也伴随出现植株脱水寒害症状；角质层为了防止水分蒸发，维持正常代谢，保温、保水，T_2处理对角质层厚度的变化有显著的影响作用，但在T_3处理下，叶片萎蔫变干，角质层遭到破坏，其变化不规律；表皮厚度在低温处理下和对照组相比，T_1处理下表皮厚度减小，但在T_2和T_3处理下，变化不规律，可能气孔分布在表皮上，其开关闭合容易受低温的影响有关，导致表皮厚度的变化大；油棕的栅栏组织和海绵组织厚度在不同温度处理下都表现出下降的趋势，尤其是T_3处理和其他处理之间都达到极显著差异的水平，可能与该处理下组织结构严重变形有关；CTR和P/S的值相对比较稳定，SR值的变化相对较大，不同处理之间都达到显著差异的水平。但不同低温处理的CTR值均比SR值小，说明油棕抗寒性较弱。

通过上述油棕叶片解剖结构在低温处理下的变化研究，认为油棕叶片总厚度和组织疏松度（SR）2个叶片结构指标在不同低温处理下变化明显，可作为油棕抗寒种质资源鉴定时的结构指标进行运用，T$_2$ 处理（最低温度 12 ℃）和 T$_3$ 处理（最低温度 8 ℃）对油棕的伤害比较大，不仅叶片变褐，而且引起结构紊乱，可在 T$_1$ 时进行油棕幼苗低温锻炼，以达到抗寒性增强，认为油棕在 T$_1$ 处理下受到低温胁迫，T$_2$ 处理下受到中度胁迫，T$_3$ 处理下受到严重胁迫伤害，导致幼苗叶片失绿，逐渐变成褐色，甚至停止生长。

二、低温处理条件下叶片表面显微结构的观测研究

从图 3-15 可以看出，并且随着温度的降低，叶片表面气孔的分布趋势是随着温度降低（对照组到 T$_3$）密度逐渐降低，这表明低温与油棕叶片的气孔密度分布有相关性。此结果可以作为抗寒种质资源判断的一个辅助。

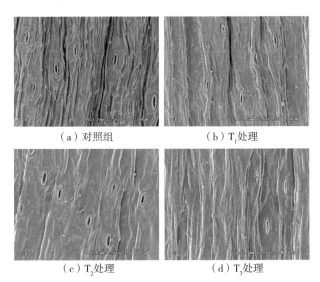

（a）对照组　　　　　　　　　　（b）T$_1$ 处理

（c）T$_2$ 处理　　　　　　　　　　（d）T$_3$ 处理

图 3-15　不同温度处理下油棕幼苗叶片的扫描电镜观察

本部分通过对油棕低温处理下细胞结构变化研究，筛选出油棕叶片总厚度和组织疏松度（SR）2 个叶片结构指标与抗寒密切相关，为

抗寒油棕种质资源在创新利用时提供生产直观、易操作的评价指标，为抗寒的种质资源的早期准确筛选鉴定、缩短其利用周期奠定基础。

第三节　油棕低温逆境应答的分子生物学基础研究

一、油棕低温应答的比较转录组研究

开展油棕在低温胁迫下的比较转录组测序与分析，为研究低温应答相关基因的克隆及功能验证、耐寒性状与基因表达的相关性分析、分子标记的开发、低温应答调控的分子机制研究等奠定基础。利用转录组数据开展油棕低温应答关键调控因子 *CBFs* 基因及其他相关基因的克隆及功能验证。

（一）油棕转录组测序与拼接

为了分析和比较油棕在低温胁迫下基因的表达变化情况，获得足够的序列信息，对油棕进行了转录组测序，依据对照 RNA 和冷胁迫的混合 RNA 样品进行测序，总共获得 7 700 000 pairend 的短片段，这些短片段的平均长度为 90 bp（表 3-17），所有的 clean-reads 已经被上传到 NCBI 数据库（提交号：SRR1612397 以及 BioProject：SRP048913）。这些 clean reads 的 Q20 比值分别为97.21% 和 95.77%，这暗示了这些序列的错误率小于 1%。重头组装被用于拼接这些短 reads。总共产生 51 452 个转录序列，这些数据已经被上传到 TSA 数据库（提交号为：GBSV00000000），其中40 725 转录序列来自对照样，49 500 转录序列来自冷处理的混合样。这些转录序列的平均长度为 703 bp，N50 为 1 072 bp。

表 3-17　油棕转录组数据拼接结果

	对照组	低温处理组	总数
测序读数（百万）	38.68	38.56	77.24
原始数据（Gb）	4.47	4.29	8.76
整理后数据（Gb）	3.87	3.86	7.73
转录本数	40 752	49 500	51 452
长度大于 1 000 的转录本	7 909	10 233	10 916
平均长度（bp）	628	650	703
N50（bp）	871	950	1 072

（二）油棕在低温胁迫下基因的差异表达及基因和基因产物的属性

1. 油棕在低温胁迫下基因的差异表达

低温是影响植物生长、发育和地理分布的重要因素，大量研究发现低温诱导诸多基因的表达，通过比较转录组测序技术分析，我们发现在低温胁迫下，从整体上看，有 11 579 个的表达有不同程度的上调，同时有 2 246 个基因的表达受到了抑制（图 3-16）。

2. 差异表达基因和基因产物的属性

为了注释油棕的转录组序列，我们将油棕表达序列与 NCBI 蛋白质库进行了比对，设置 E 值的临界值为 10^{-5}，在这些基因中，37 151 个表达序列能与 NR 数据库比对上，之后，将这些与 NR 数据库比对上的表达序列在与 GO 数据库进行比对，27 990 个表达序列被分配到 54 个不同的 GO 类中，基于注释结果，参与生物过程的 Metabolic Process，Cellular processes 以及分子功能类的 catalytic activity 分别是最大的 3 个 GO 类（图 3-17），说明在低温胁迫下，生命过程发生了剧烈的变化，参与代谢、分子转运等过程的相关基因表达增强。

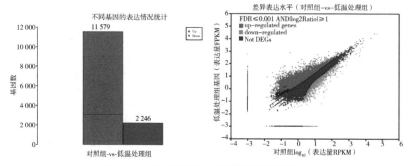

图 3-16　油棕低温胁迫下基因的差异表达

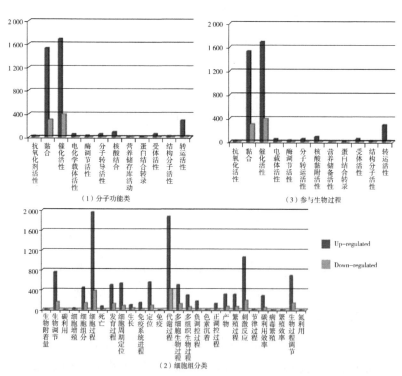

图 3-17　基于基因本体（Gene Ontology, GO）的差异表达的转录本分类

3. 低温胁迫下转录因子的差异表达

在所有的差异表达的基因有 4 498 个为转录因子，其中有 293

个转录因子的在低温胁迫下表达提升 2 倍以上，另外有 97 个转录因子的表达下调 2 倍以上。在所有的转录因子家族中，*AP2* 家族（其中包括在低温应答中起关键调控作用的 *CBFs*）的变化最明显，有 14 个转录因子的在低温胁迫下表达提升 2 倍以上，另外有 4 个转录因子的表达下调 2 倍以上。其他的转录因子家族如 *NAC*、*bZIP*、*Homedomain* 和 *WRKY* 家族的基因的表达明显上调，具体见图 3-18。

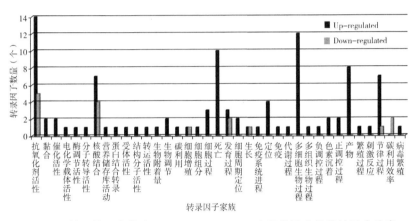

图 3-18　基于基因本体（Gene Ontology，GO）的差异表达的转录本分类

4. 油棕与低温胁迫应答相关基因的表达与验证

通过对低温处理油棕转录本的分析比对，我们发现参与低温应答信号传导的相关基因的表达都有不同程度的上调或下调。共发现了 8 个（CL2890.Contig1，CL4552.Contig1，CL4552.Contig2，CL6255.Contig2，CL4.Contig1，CL83.Contig2，CL83.Contig3 和 Unigene26961）与 CBF 同源的转录本，分别有 3 个与 *ICE* 和 *SIZ*1 的同源基因，1 个与 *MYB*15 和一个与 *HOS*1 同源的转录本（图 3-19），由此推测，油棕对低温的应答也通过 *CBF* 介导的低温胁迫信号传导与应答的机制。将这些同源基因定位在染色体上，我们发

油棕抗寒研究

现他们分散分布在不同的染色体上（图 3-20），这有别于拟南芥，其 *CBF*1、*CBF*2、*CBF*3 串联排列在拟南芥的 4 号染色体上。

Expressed sequences	Matched to species	putative ortholog	Identity	E-value
Unigene615	*Vitis vinifera*	ICE1	63%	3.00E-178
Unigene5046	*Vitis vinifera*	ICE1	56%	2.00E-152
Unigene21287	*Vitis vinifera*	ICE1	97%	2.00E-09
Unigene2502	*Vitis vinifera*	SIZ1	57%	7.00E-55
CL1094.Contig1	*Brachypodium distachyon*	SIZ1	60%	0
CL1094.Contig3	*Brachypodium distachyon*	SIZ1	53%	7.00E-31
Unigene6283	*Zea mays*	MYB15	42%	1.00E-63
Unigene8210	*Vitis vinifera*	HOS1	71%	1.00E-84
CL4552.Contig1	*Sabal minor*	CBF	86%	6.00E-101
CL4552.Contig2	*Ravenea rivularis*	CBF	93%	8.00E-33
CL6255.Contig2	*Glycine max*	CBF	61%	2.00E-42
CL4.Contig1	*Zea mays*	CBF	73%	1.00E-59
CL83.Contig2	*Dypsis lutescens*	CBF	60%	9.00E-62
CL83.Contig3	*Ravenea rivularis*	CBF	55%	6.00E-58
Unigene26961	*Zea mays*	CBF	76%	3.00E-35
CL2890.Contig1	*Vitis vinifera*	CBF	53%	1.00E-58

doi:10.1371/journal.pone.0114482.t003

图 3-19　低温应答信号传导相关的同源基因

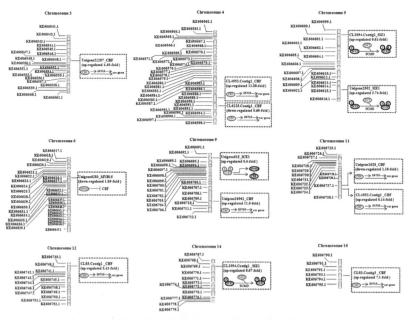

图 3-20　低温应答信号传导相关基因在染色体上的分布

088

　　为了进一步验证油棕转录组低温应答相关基因的表达情况，我们开展了相关基因的实时荧光定量 PCR 实验，*ICE*1 (Unigene615_*ICE*1（0.87±0.13）、Unigene5046-2_*ICE*1（0.75±0.25）、*SIZ*1（CL1094.Contig3_*SIZ*1）（1）、Unigene2502-1_*SIZ*1（0.75±0.25）　和 CL1094.Contig1_*SIZ*1（0.9±0.1）基因的表达在低温处理后 4 h 显著增强。除 Unigene615_*ICE*1 和 Unigen6283_*MYB*15 外，其他的同源基因在低温处理的第 7 天仍然保存着较高的表达水平（图 3-21）。

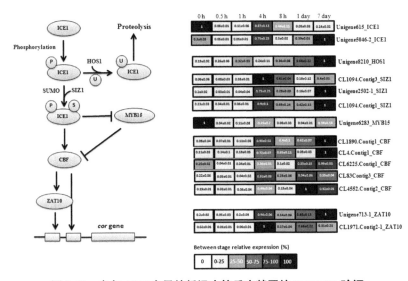

图 3-21　参与 *CBF* 介导的低温应答反应基因的 RT-PCR 验证

5. 油棕 *CBFs* 基因的演化与变异对低温应答的影响

　　CBF 是 *CBF* 介导的低温应答信号传导的关键基因，该基因的演化及变异将影响到物种对低温的敏感度及适应能力。通过对热带物种和温带物种 *CBF* 的序列比对，我们发现 *CBF* 的 AP2 功能域的位点 2 和 9 在热带物种为 K（Lys）和 A（Ala）氨基酸，但在温带

物种为 R（Arg）和 G（Gly）氨基酸，除此之外，其他区域都高度
保守（图 3-22）。

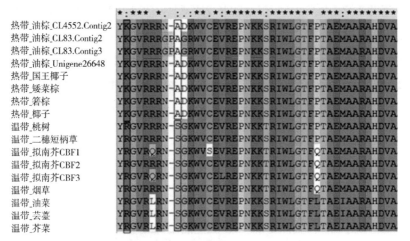

图 3-22　热带物种和温带物种 CBF 的序列比对

CBF 通过与含特异性的模序的启动子 DNA 序列（DRE motif）
的结合来控制下游基因的表达，因此 DRE 的缺少或突变将影响
受控基因的表达。在油棕转录本里有 CL4270.Contig1、CL4270.
Contig2、CL4270.Contig3、Unigene10238、Unigene16556 和 CL1557.
Contig1 等 6 个 *COR* 的同源基因（图 3-23）。通过对其启动子的分
析发现有两个基因 DRE motif 缺少，两个存在突变。这些缺少或突
变可能是油棕长期适应热带气候缺乏低温胁迫的选择所造成的。

Unigene	Hydropathicity	DRE motif	Distance between DRE and strat code	Fold change	Matched species
CL4270.Contig1	0.75	no DRE motif		0.045	*Ricinus communis*
CL4270.Contig2	0.821	G/ACCGAC	218 bp	0.045	*Zea mays*
CL4270.Contig3	0.749	CCCGAC	370 bp	0.045	*Ricinus communis*
Unigene10238	0.641	CCCGAC	404 bp	0.1904	*Oryza sativa*
Unigene16556	0.437	G/ACCGAC	1256 bp	1.3427	*Triticum aestivum*
CL1557.Contig1	0.03	no DRE motif		0.37	*Jatropha curcas*

doi:10.1371/journal.pone.0114482.t004

图 3-23　部分油棕 CBF 诱导基因的相关属性

（三）油棕逆境相关的内参基因的筛选及应用

在不同组织或不同处理条件下稳定表达的内参基因，对于准确分析目标基因的表达及其重要。通过对油棕低温、干旱和高盐胁迫下的采用内参基因的筛选，为比较转录组和蛋白组相关基因表达的验证提供基础。

1. 基于转录组数据的油棕候选参考基因的鉴定

在应用实时荧光定量PCR（RT-qPCR）技术进行基因表达分析的过程中，参考基因的作用是相对量化目的基因的表达，使用可靠的内参基因对目的基因的表达进行归一化，对正确解释表达量的变化规律是至关重要的。为了获得油棕稳定表达的内参基因，对从NCBI下载获得的17个不同组织的转录组进行了系统的评估，总体来说，有53个候选参考基因被确定为变异系数值＜3。

2. 油棕候选基因在低温、干旱和高盐下的表达比较

通过基于低温、干旱和高盐处理的样品的实时荧光定量PCR，采用geNorm，Normfinder和Bestkeeper统计算法，我们筛选和验证了16个来自叶转录组的内参基因。基因编码肌动蛋白，腺嘌呤磷酸核糖转移酶和真核起始因子 *4A* 基因在低温干旱和高盐胁迫下稳定的表达（图3-24和图3-25）。富集化功能分析表明，大约90%的基因都聚集在细胞组分合成基因的功能分区（图3-26），53个中的12个基因是传统的看家基因。该研究说明从多重转录组数据中发现和鉴定的稳定表达基因作为参考候选基因是可靠和高效的，并且一些传统的看家基因表达比别的更稳定。该研究提供了一种研究非洲油棕基因表达的分子手段，促进作物改良的分子遗传学研究。

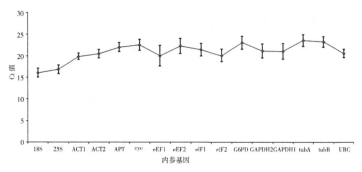

图 3-24　油棕 16 个候选内参基因在逆境下（低温、干旱和高盐）的表达情况

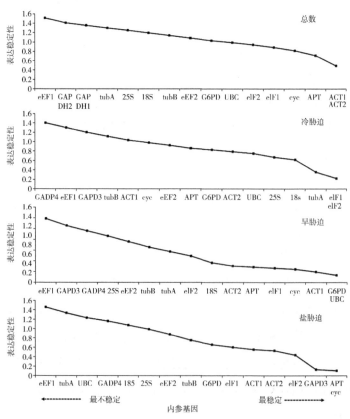

图 3-25　油棕 16 个候选内参基因平均表达的稳定性

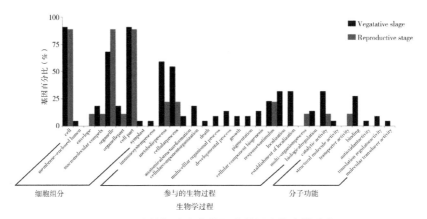

图 3-26　油棕候选内参基因在基因本体中的分布

3. 油棕 *CBF* 基因相对表达的内参基因的验证

转录因子 *CBF* 是低温应答的关键调控因子，在低温胁迫下 *CBF* 的表达上调，为验证筛选出来的内参基因，基于 *ACT2*、*25S*、*UBC*、*APT* 和 *eEF*1 等内参基因，*CBF* 的相对表达被均一化，根据计算 *ACT2*、*25S*、*UBC* 和 *APT* 相对不稳定，也就是说他们的表达受到低温的影响，而 *eEF*1 的表达相对稳定（图 3-27），它不随着

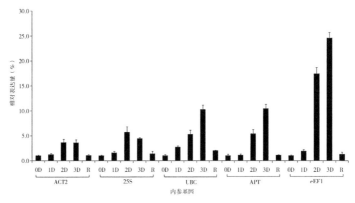

图 3-27　基于不同内参基因的油棕 *CBF* 基因在低温胁迫下的均一化

低温的处理而变化，因而适合做低温胁迫的内参基因，用于油棕内参基因筛选的引物的相关信息见图 3-28。

Gene	Accession number	Mean-RPKM	CV[a]	Gene description	Primer sequence (5'–3')	Efficiency (%)	Regression coefficient (R^2)
18S	GAJH01009017.1	50.74	33.09%	18S ribosomal RNA	F-GAATCAGCACAATCTAAATCCC R-CCAAGGTCCAACTACGAGC	99	0.981
25S	GAJH01010960.1	37.00	24.81%	25S ribosomal RNA	F-GCTGTGGTTTCGCTGGATAG R-GTAGCCAAATGCCTCGTCA	105	0.996
ACT1	GAJH01027510.1	33.13	5.88%	Actin	F-GTTGTGCTCCACCCG R-GCAGCACCACATTCATCATA	99	0.969
ACT2	GAJH01031170.1	89.66	23.22%	ACTIN/mreB/sugarkinase/ Hsp70 superfamily	F-CTCAACCCCAAGGCGAAC R-GTAACACCATCTCCCGAGTCAA	100	0.995
APT	GAJH01036635.1	26.63	8.74%	Adenine phosphoribosyltransferase	F-GTTTCAGGACATCACGACGCT R-TAAGGCAATAGGGGGACCG	102	0.978
cyc	GAJH01023806.1	16.69	106.47%	Cyclophilin	F-AGGGCTGTATGGGGATGATGT R-GCTTTTACCTCCAGTTCCATTTC	94	0.955
eEF1	GAJH01031021.1	28.16	30.10%	Eukaryotic elongation factor	F-ATCTTATCACGATTGTAACCGACC R-GCATTGCTTCTTCTACTCTT	105	0.986
eEF2	GAJH01030821.1	19.15	30.07%	Eukaryotic elongation factor	F-CTAGCTTTCGAGTATTTGGGTGTG R-ATGCTCTTCTCGCCTTCACTCT	99	0.993
eIF1	GAJH01031684.1	87.72	13.07%	Eukaryotic initiation factor 4A	F-CCTCACCTATACTCTTCCCACCA R-GTCATCGCCCAGGCACAG	97	0.993
eIF2	GAJH01015579.1	112.77	8.93%	Eukaryotic initiation factor 4A	F-ATAGGATGTTTGTGCTGGAT R-CTCAGGAGGCATTGTGGC	106	0.991
G6PDH	GAJH01021896.1	16.85	74.25%	Glyceraldehyde-6-phosphate dehydrogenase	F-ACAATCCGAGTCCACCCAC R-TTGCCTCCATCTGTTTACCC	96	0.982
GAPDH1	GAJH01027987.1	94.85	52.20%	Glyceraldehyde-3-phosphate dehydrogenase	F-TGACAACAACTCATTCCTACACA R-TGACACTGCTTTCCTGCTCC	106	0.997
GAPDH2	GAJH01030886.1	47.54	30.33%	Glyceraldehyde-3-phosphate dehydrogenase 2	F-CCATTCCAGTCAACTTTCCATTT R-CTACTCACAAGACTGTTGATGGGC	105	0.997
tubA	GAJH01034824.1	122.14	14.82%	Alpha-tublin	F-TGGCTTTAAGTGCGGTATCA R-ATTTGTGGTCAATGCGGG	101	0.997
tubB	GAJH01043404.1	-	-	Beta-tublin	F-TCATGTTGCTCTCAGCCTCG R-GCCTCAACCTTCATCGGTAACT	98	0.965
UBC	GAJH01052559.1	154.29	25.93%	Ubiquitin-conjugating enzyme	F-CTTATTCAGGACGGGGTCTTCTTC R-GATGCTGGTCAATGCGGGC	99	0.988
EgCBF	DQ497736	-	-	C-repeat binding factor	F-GATAAGTGGGTCTGCGAGGT R-AATCGGCAAAGTTGAGGCA	97	0.991

[a] Coefficient of variation calculated from leaf transcriptomes (SRR851096, SRR851097 and SRR851098) of African oil palm (*Elaeis guineensis*).
[b] Tm values for Rt-qPCR product derived from melting curve analysis (60–95 °C, 20 min).

图 3-28　用于油棕内参基因筛选的引物的相关信息

二、油棕种质资源的分子标记评价及耐寒相关的关联分析

通过比较转录组数据开展与低温应答相关的分子标记的开发与验证，对 192 份油棕样品进行群体结构分析和耐寒相关的关联分析。

（一）基于转录组的引物的设计及特性分析

基于转录组测序和拼接，一共获得 51 452 个转录本序列，这些序列的平均长度为 703 bp，应用 Msatfinder 软件分析这些转录序列，共获得 5 791 个 SSR 位点，这些 SSR 位点分布在 5 034 个

转录组序列上，接近 10 条转录组序列中，有一条转录组序列是包含 SSR 位点的。基于我们所设置的参数，3 个碱基单元的 SSR 是最为丰富的，这样的 SSR 有 2 821 个，占总数的 48.71%，其次是单碱基的 SSR，为 1 741 个，占总数的 30.06%，接着是 2 个碱基的 SSR，总共有 1 124 个，占总数的 19.41%，而四碱基的 SSR，五碱基的 SSR 以及六碱基的 SSR 比较少，分别为 73 个、21 个和 11 个，分别占总数的 1.26%、0.36% 和 0.2%。（部分引物见图 3-28）。

在这 51 452 个转录序列中，10 973 个转录序列被上调或者下调至少两倍，这 10 973 个转录序列中包含 916 个 SSR 位点，这些 SSR 位点的分布与总的 SSRs 位点的分布是一致的，在这些诱导或者抑制的 SSRs 位点中，三碱基的 SSRs 位点是最丰富的，占总数的 42.58%，其次为单碱基的 SSRs 占总数的 34.61%，然后接着是两个碱基的 SSRs，占总数的 20.52%（图 3-29）。

为了弄清这些 SSRs 在转录组序列上的分布，我们将这些 SSRs 定位到转录组序列上，结果显示，1 570 个单碱基的 SSRs 位于转录组的非翻译组，占总的单碱基 SSRs 的 90.02%，1 020 个双碱基 SSRs 位于转录组序列的非翻译组，占总的双碱基数 90.75%，2 033 个三碱基的 SSRs 处于转录组序列的非翻译区，占总三碱基数的 79.26%，所有的四碱基、五碱基以及六碱基的 SSRs 位于转录组序列的非翻译区。

将这些含有 SSR 位点的转录组序列与 KEGG 数据库进行比对，比对结果展现这些转录组序列不均匀地分布在不同的 KEGG 类中，159 个包含 SSR 位点的转录组序列至少能分配在一个 KEGG 途径

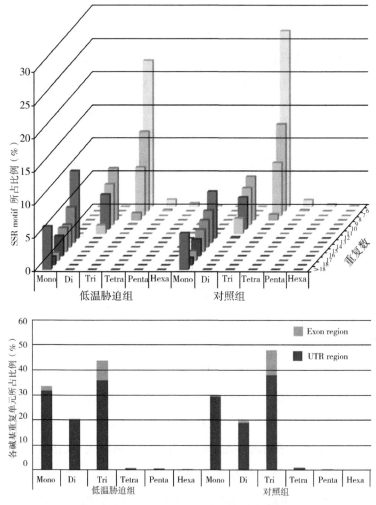

图 3-29　SSR 碱基重复的属性及分布与低温应答的关系

中，其中代谢途径是最大的一类，包含 58 个包含 SSR 位点的转录组序列，占总数的 36.48%，它的 pathway ID 为 ko01100，接着是植物激素信号传导途径，该途径包含 9 个含有 SSR 位点的转录组序列，占总数的 5.66%，该途径的 pathway ID 为 ko04075，接着是植物与病原菌互作途径，该途径包含 8 个含有 SSR 位点的转录组序列，该途径的 pathway ID 为 ko03013。

（二）多态性 SSR 引物筛选

根据以上 SSR 位点的侧翼序列（表 3-18），设计 SSR 标记的引物，并合成 442 对引物，在这 442 个 SSR 位点中，包含 132 个单碱基 SSR，74 个双碱基 SSR，219 个三碱基 SSR，7 个四碱基 SSR，7 个五碱基 SSR 以及 3 个六碱基 SSR，这些引物被用去在 24 个油棕品系中去扩增，其中 278 个引物扩增能有 PCR 产物，剩下的 164 对引物不能扩增出 PCR 产物或者扩增片段非常弱，在 278 对有扩增产物的引物中，有 91 对引物在 24 个油棕品系中的扩增是没有多态性，其他的 182 个 SSR 标记具有多态性（图 3-30），包括 50 个单碱基 SSR，22 个双碱基 SSR，102 个三碱基 SSR，4 个四碱基的 SSR，2 个五碱基的 SSR 以及 1 个六碱基的 SSR。单碱基、双碱基、三碱基、四碱基、五碱基、六碱基的多态性标记的百分比分别是 38%、42%、30%、47%、57%、23%。在这 182 个 SSR 标记中，总共鉴定了 402 个 SSR 位点，平均每个 SSR 位点含有 2.2 个等位基因，其中 46 个 SSR 等位基因来自双碱基的 SSR，平均每个位点 2 个等位基因，105 个等位基因来自单碱基的 SSR，平均每个位点 2 个等位基因，227 个等位基因来自三碱基的 SSR，平均每个位点 2.2 个等位基因，这 182 个多态性标记的 PIC 值最低为 0.08，最高为 0.65，平均值为 0.31，其中 50 个单碱基 SSR 的平均 PIC 值为 0.3，22 个双碱基 SSR 标记的 PIC 值得平均值为 0.31，102 个三碱基 SSR PIC 值得平均值为 0.31（图 3-31）。

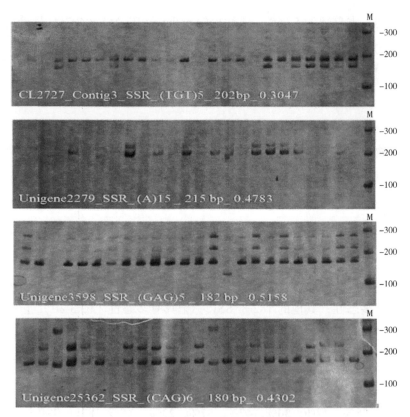

图 3-30　部分多态性 SSR 聚丙烯酰胺凝胶电泳图

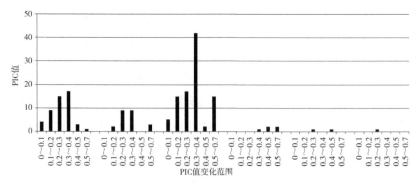

图 3-31　多态信息容量 PIC

表3-18 基于转录组数据的部分SSR引物序列及相关信息

SSR引物名称	引物序列	退火温度（℃）	片段大小（bp）	保守序列	重复数
CL1205_Contig2_SSR	Forward Primer：CCATGGTGAAGATGGGAAAC	60.17	208	tga	5
	Reverse Primer：AAACAGGAGATAAGAAACGTCTGC	58.97			
CL1270_Contig1_SSR	Forward Primer：TTCTTCCTCGACGCTTTTGT	59.99	219	gcg	8
	Reverse Primer：CAGATCGAAAGGCAGCATCT	60.5			
CL1411_Contig2_SSR	Forward Primer：GCTTGTTACCATCCGTCCTC	59.56	200	ttc	7
	Reverse Primer：AGCTTCATCCAGTGACAGCA	59.58			
CL1451_Contig3_SSR	Forward Primer：CGAGAATCCGATCATCTCGT	60.18	196	ggc	6
	Reverse Primer：TCCTCCTCCTCCTCCTCCT	60.28			
CL1451_Contig3_SSR	Forward Primer：TTCATACCGTGGTTCTGCTG	59.72	208	tgc	6
	Reverse Primer：AAGAGAGCCCATCAACCACA	60.66			
CL14_Contig1_SSR	Forward Primer：GGGGCCACTAAACCCTAGTC	59.83	200	ct	8
	Reverse Primer：AGTAATCGGACCGAGAGGTG	59.16			
CL1504_Contig2_SSR	Forward Primer：CATCCCTTCCACCTTATCCA	59.74	187	tcc	5
	Reverse Primer：GGGTTGTCGGTAAGGAATGG	61.48			

续表

SSR 引物名称	引物序列		退火温度（℃）	片段大小（bp）	保守序列	重复数
CL1579_Contig4_SSR	Forward Primer：	GGGATGTGGATCCAAATGAAAA	59.56	205	cca	5
	Reverse Primer：	GGACAAAGCACGAAATGAGG	60.64			
CL1579_Contig4_SSR	Forward Primer：	ATCCCCAGCAGCAACAAGTA	60.66	198	gcg	5
	Reverse Primer：	CACCTACCGGTCCCATACTG	60.25			
CL1591_Contig1_SSR	Forward Primer：	GGTTAAACCTCCCGCGTTC	61.74	198	ctc	5
	Reverse Primer：	CGCTTCGAAGACATTGCTTT	60.52			
CL1642_Contig3_SSR	Forward Primer：	CGCGCACTTTTCTCATTTTT	60.38	203	tcc	5
	Reverse Primer：	AAAGAGAGAGCCGCAGTG	59.89			
CL167_Contig1_SSR	Forward Primer：	GACTTGTTCCGGTGATCCTC	59.51	210	t	14
	Reverse Primer：	GGTCACACGCCAAAACAAC	60			
CL1800_Contig4_SSR	Forward Primer：	CTCGGCTCTCTCAAGAGGAA	59.82	167	cct	5
	Reverse Primer：	CCCGATCTCTGTCAATGGTG	61.49			
CL1847_Contig2_SSR	Forward Primer：	TTCTTTTCCTTCTTCTTTTCTTTTTC	59.12	200	ctt	6
	Reverse Primer：	ACCGGTTTGGTCCTCTTCTT	59.97			
CL184_Contig4_SSR	Forward Primer：	TCGAAACAAAGCCCATTAGAA	59.71	198	aag	7
	Reverse Primer：	CCCTCTTCTCCCCTTCCATA	60.39			

续表

SSR 引物名称	引物序列	退火温度（℃）	片段大小（bp）	保守序列	重复数
CL1876_Contig1_SSR	Forward Primer: AAAGACTCATGCTCCCCAAG	59.28	179	ttg	5
	Reverse Primer: AGCAGTGGCATCAGTTTGTG	59.9			
CL187_Contig1_SSR	Forward Primer: TTGTGGGAGCAACACATCAT	59.97	195	tgc	5
	Reverse Primer: CACCTACAGCTCCAACAGCA	60.05			
CL1882_Contig2_SSR	Forward Primer: GCCATTTGTGTTTGGGATTT	59.67	168	at	8
	Reverse Primer: AAACTACGTTCAGGTCCAACA	57.25			
CL1961_Contig3_SSR	Forward Primer: GGAGAAAGAGAGAGAGAGGGAGA	59.73	175	ccg	5
	Reverse Primer: GGACGTAGCAGAAAGGAGTGG	59.87			
CL2012_Contig1_SSR	Forward Primer: GCCGCTGCACATATCTTCTT	60.38	198	gag	5
	Reverse Primer: GAGAGAGCCGACCTTCTTCC	60.48			
CL2142_Contig2_SSR	Forward Primer: GAGGATATCGGCTGCAGTG	59.36	220	agg	7
	Reverse Primer: GTCCAGGAATCTGTCCAAGC	59.66			
CL2151_Contig1_SSR	Forward Primer: CCATTCGAATTCCCAAACAA	60.67	197	gac	7
	Reverse Primer: CTAACCCCAACCCTGGATTT	60.05			

基于电子定位，这 182 个 SSR 标记中有 137 个标记被定位到油棕的染色体上，每个染色体标记数最少为 3 个，位于染色体 9，最多一条染色体为 20 个标记，该染色体为第 5 染色体，平均每条染色体 8.52 个 SSR 标记，毗连标记的物理距离最低 96 bp，最高 20.8Mb，这些标记总共跨越 473.4 Mb，平均每对标记 3.5 Mb。

（三）种质资源遗传评估

10 个标记被选择用于分析 192 份油棕品系的基因型，其中 34 个油棕品系来自 F1 的自交系，这个 F1 从众多个体中选择，对低温有一定的耐性，44 个油棕品系来自海南本地，其他的油棕株系来自马来西亚。被选择的 34 个油棕 F2 品系被分配到一个油棕群体中，而从海南收集的油棕品系被分配到两个油棕群体中，接近一半被分配的红色的群体中，其他来自马来西亚的油棕品系的绝大部分被分配到另外一个油棕群体中。

充分利用中国热带农业科学院椰子研究所的油棕种质资源，共收集了 4 种油棕种质资源 192 份，应用多态性 SSR 引物进行大样本 PCR 扩增，通过聚丙烯酰胺凝胶电泳及银染显色技术，并根据读带结果进行统计分析，求算 SSR 标记的 PIC（polymorphism information content）值，对油棕种质资源进行遗传评估。

本研究在获得的 51 452 条油棕转录组序列中，找到 5 791 个 SSR 位点，平均 10 个表达序列中含有 1 个 SSR 位点。根据表达量变化 2 倍以上，寻找发现 916 的位点和耐低温相关。根据位点设计了 442 对引物，其中包括 182 对多态性引物，随机选取 24 个油棕样本，计算其 PIC 值范围为 0.08 ～ 0.65（平均值为：0.31±0.12）。通过生物学分析，137 对引物定位到油棕染色体上。同时，通过分析低温处理的油棕转录组数据，结果发现有 1 个 *ICE*1 同源基因，

5 个 *CBF* 同源基因，19 个 *NAC* 转录因子和 4 个冷诱导同源基因。
Unigene21287（*ICE*1）基因和 CL2628.Contig1（*NAC*）基因的 5' 非
翻译区含有 SSR 分子标记。通过关联分析挖掘 3 个与 *ICE*，*CBF*
和 2 个 *NAC* 同源基因相关联的分子标记，为油棕耐寒分子辅助育
种提供了基础。

　　选取 15 对结果良好的多态性引物对 8 个油棕品种进行遗传结
构及多样性分析，由图 3-32 可看出，油棕样本 PCR 目标条带清
晰，且都在 2 条以上，大小与预期值相符，该结果初步表明引物多
态性较好。从中选取结果较好的 15 对引物进行大样本检测，引物
多态性分析结果见表 3-19。

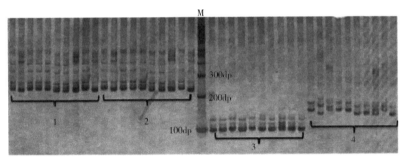

M—2 000 bp marker；1～4—引物。

图 3-32　4 个多态性 SSR 引物的部分 PCR 胶图

表 3-19　15 个多态性 SSR 引物的信息

引物编号	引物	重复单元	长度（bp）
SSR1	F：TTCTTCCTCGACGCTTTTGT R：CAGATCGAAAGGCAGCATCT	（GCG）$_8$	219
SSR2	F：GCTTGTTACCATCCGTCCTC R：AGCTTCATCCAGTGACAGCA	（TTC）$_7$	200
SSR3	F：TTCATACCGTGGTTCTGCTG R：AAGAGAGCCCATCAACCACA	（TGC）$_6$	208

引物编号	引物	重复单元	长度（bp）
SSR4	F：GGGGCCACTAAACCCTAGTC R：AGTAATCGGACCGAGAGGTG	$(CT)_8$	200
SSR5	F：CATCCCTTCCACCTTATCCA R：GGGTTGTCGGTAAGGAATGG	$(TCC)_5$	187
SSR6	F：GGGATGGATCCAAATGAAAA R：GGACAAAGCACGAAATGAGG	$(CCA)_5$	205
SSR7	F：ATCCCCAGCAGCAACAAGTA R：CACCTACCGGTCCCATACTG	$(GCG)_5$	198
SSR8	F：GGTTAAACCTCCCGCGTTC R：CGCTTCGAAGACATTGCTTT	$(CTC)_5$	198
SSR9	F：CGCGCACTTTTCTCATTTTT R：TGGGGCAGTGAGAGTGGTAT	$(TCC)_5$	203
SSR10	F：CAAGAAATCAATCGAACTCATCC R：AAAGAGAGAGAGCCGCAGTG	$(A)_{12}$	200
SSR11	F：ATTCCACTGCCTCCCAGTTT R：ACGGCGGAGTAACAGAGGT	$(CTC)_6$	214
SSR12	F：TAAAACGGCCAGAGCAACTT R：CCATGCTTGGGAAAACTGTC	$(T)_{12}$	163
SSR13	F：CCAAATTCCCCCTTCCTAAC R：TAAGTAGCGGCATGGACGAT	$(CT)_8$	216
SSR14	F：GGAAGTACTCAAGCCGATCC R：GTCTACCCGGAGGCAGAGAT	$(CTC)_5$	193
SSR15	F：TTTGCTATTGCAACCAAATCC R：TTCAAATCCGGTAACTTCTGG	$(T)_{14}$	194

由表3-20可知，通过15对引物对油棕大样本进行检测，挖掘出57个等位基因（Na），平均每个转座子的Na为3.8个。有效等位基因数（Ne）和期望杂合度（He）在15个SSR中有较大差异，Ne最大值（4.318 9）和He最大值（0.863 0）出现在具有三

碱基重复 [(CTC)$_6$] 单元的 SSR11，Ne 最小值（1.593 6）和 He 最小值（0.330 5）出现在具有三碱基重复 [(TCC)$_5$] 单元的 SSR5。所有 SSR 的 Ne 平均值为 2.624 8，He 平均值为 0.590 2。较大的 Ne 和 He（> 0.50）出现在 12 个 SSR 转座中（SSR1~SSR4、SSR6 和 SSR8~SSR14），表明 80% 的 SSR 转座可完成对 8 个油棕群体的区分。8 个 SSR 转座（53.34%）的固定指数（Fis）是正值，负值出现在 SSR3、SSR6 和 SSR9 ～ SSR13，表明 46.66% 的杂交群体中有 SSR 转座，该杂交群体存在大量的遗传变异。F- 统计量值（Fst）可用于评估油棕品种的分化水平，8 个油棕品种的 Fst 变化较大，为 0.102 9 ～ 0.601 0，平均 Fst 为 0.366 4，表明 36.64% 等位基因频率的变化是由 8 个油棕品种的遗传差异所引起。

表 3-20　油棕遗传多态性信息

转座	N_A	N_E	H_O	H_E	F_{IS}	F_{IT}	F_{ST}
SSR1	5.0	2.350 5	0.159 4	0.574 6	0.423 0	0.715 9	0.507 7
SSR2	4.0	2.598 1	0.331 9	0.615 1	0.400 4	0.630 6	0.484 0
SSR3	3.0	2.123 1	0.492 8	0.529 0	-0.224 0	0.063 5	0.234 9
SSR4	4.0	3.468 9	0.418 8	0.711 7	0.231 3	0.546 6	0.410 2
SSR5	5.0	1.593 6	0.146 4	0.330 5	0.003 5	0.261 1	0.158 5
SSR6	4.0	2.124 7	0.926 1	0.551 0	-0.677 8	-0.505 1	0.102 9
SSR7	3.0	1.909 4	0.117 4	0.476 3	0.115 9	0.522 5	0.559 9
SSR8	4.0	2.585 5	0.175 4	0.597 7	0.193 6	0.543 8	0.334 3
SSR9	3.0	2.315 5	0.521 7	0.586 0	-0.031 2	0.106 7	0.133 8
SSR10	3.0	2.266 9	0.492 8	0.577 5	-0.211 5	0.132 4	0.283 9
SSR11	4.0	4.318 9	0.623 2	0.863 0	-0.269 5	0.174 9	0.450 0

续表

转座	N_A	N_E	H_O	H_E	F_{IS}	F_{IT}	F_{ST}
SSR12	4.0	3.298 5	0.434 8	0.587 4	-0.064 3	0.356 0	0.294 9
SSR13	3.0	3.054 0	0.724 6	0.682 9	-0.519 6	-0.059 2	0.403 0
SSR14	5.0	3.630 6	0.202 9	0.716 8	0.310 0	0.712 5	0.483 3
SSR15	3.0	1.730 4	0.115 9	0.453 7	0.351 8	0.741 4	0.601 0
平均	3.8	2.624 8	0.392 3	0.590 2	-0.053 6	0.330 7	0.366 4

由表 3-21 可看出，8 个油棕品种的观测杂合度（Ho 和 He）分别为 0.117 4 ～ 0.926 1 和 0.234 6 ～ 0.554 7，表明油棕品种的遗传多样性较丰富。利用多态性 SSR 分析 8 个油棕品种的遗传距离，并根据遗传距离进行聚类分析（图 3-33），结果发现品种 1 和品种 3 的遗传距离最远（1.674），品种 3 和品种 5 的遗传距离最近（0.065）（表 3-22）。

表 3-21　油棕遗传多态性信息

群体编号	$N_{a/pl}$	N_a	N_e	H_o	H_e	P（%）
1	10	1.733 3	1.547 1	0.441 7	0.250 8	61.00
2	10	1.414 8	1.547 7	0.331 9	0.279 0	73.33
3	14	0.385 2	2.006 5	0.492 8	0.453 9	98.31
4	15	0.567 6	2.432 2	0.418 8	0.551 2	97.25
5	14	0.385 2	2.130 1	0.146 4	0.456 0	86.67
6	14	0.483 5	2.360 7	0.926 1	0.554 7	100.00
7	8	0.289 8	1.374 6	0.117 4	0.476 3	46.67
8	7	0.204 7	1.500 2	0.175 4	0.234 6	46.67

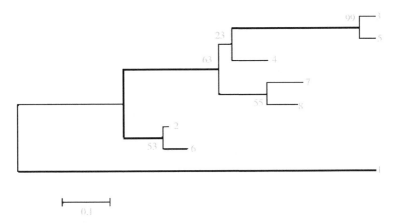

图 3-33 8 个油棕品种聚类图

表 3-22 8 个油棕品种的遗传距离

品种	1	2	3	4	5	6	7
2	0.981						
3	1.674	0.470					
4	1.163	0.470	0.375				
5	1.640	0.481	0.065	0.375			
6	1.163	0.069	0.470	0.482	0.470		
7	1.163	0.453	0.570	0.288	0.575	0.470	
8	1.386	0.575	0.375	0.288	0.375	0.575	0.134

　　油棕转录组数据是通过高通量测序获得的，相对从 NCBI 网站下载公布的 EST 序列来说，数据量变大，分析较全面且准确，且油棕样本是从云南、广西和海南 3 个不同省份收集而来，样本得丰富程度变大，相对较能代表我国油棕现有的种植情况和群体结构，本研究结果较系统的分析国内油棕资源的遗传结构，明确了品种的多样性大小，为油棕的遗传育种奠定工作基础。

通过分析不同种壳厚度油棕种质资源的遗传多样性及群体结构，为油棕种质资源的有效利用及新品种选育提供理论依据。周丽霞等选取厚壳种 BM8 和无壳种 L2T 对 288 对 SRAP 引物组合进行筛选，并从中筛选出 15 对扩增条带清晰、稳定及多态性好的 SRAP 引物组合（图 3-34），利用其对 46 份不同种壳厚度的油棕种质材料进行多态性扩增，共扩增出 303 个条带，其中多态性条带 183 条，平均每条引物扩增出 12.2 条，多态比率为 60.4%。基于扩增结果，利用 NTSYS 2.1 的非加权组平均法（UPGMA）计算遗传相似系数并构建聚类图（图 3-35），利用 POPGENE 1.32 计算遗传多样性指数，发现 46 份油棕种质材料的观测等位基因数（N_a）为 1.098 2 ~ 1.326 4，平均 1.602 4；有效等位基因数（N_e）为 1.109 2 ~ 1.159 76，平均 1.480 3；Nei's 基因多样性指数（H）为 0.057 2 ~ 0.109 3，平均 0.193 7；I 为 0.092 7 ~ 0.164 8，平均 0.311 5。薄壳种油棕的遗传多样性指数与无壳种油棕较接近，且两者均高于厚壳种油棕，说明薄壳种和无壳种油棕的多态性高于厚壳种油棕。厚壳种油棕与无壳种油棕的遗传一致度最小（0.772 8），但两者间的遗传距离最大（0.255 6）。厚壳种与薄壳种油棕间的遗传一致度最大，为 0.839 6，且两者间的遗传距离最小，为 0.174 8。在遗传系数

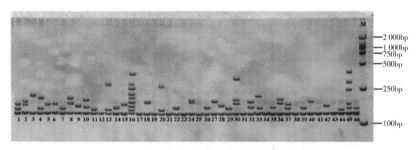

图 3-34　引物组合 Me3/Em17 对 46 份油棕种质材料的扩增结果

为 0.59 时，46 份供试油棕种质被分为 4 个亚群，其中，厚壳种油棕种质材料均分布在第 I 亚群，薄壳种油棕种质（除 Eg14 分布在第 I 亚群外）和无壳种油棕种质材料均分布在 II、III 和 IV 亚群。

（四）油棕 WRKY 及 MYB 基因家族与非生物胁迫之间关系

1. WRKY 基因家族的全基因鉴定及低温胁迫表达分析

通过用拟南芥的 AtWRKY 基因与油棕的基因组进行比对，总共获得 95 个油棕的 EgWRKY 基因。这 95 个 EgWRKY 基因中的 83 个分布在油棕的 13 条染色体上，12 个 EgWRKY 基因未定位于油棕的染色体上（图 3-36）。

分析了这些 EgWRKY 基因的结构，它们的内含子数量变异较大，从 0 到 12。平均每个 EgWRKY 基因含有 2.99 个内含子。含有 2 个内含子的 EgWRKY 基因最多，其次是含有 3 个内含子的 EgWRKY 基因。这些 EgWRKY 的大小变异较大，从 447 bp 到

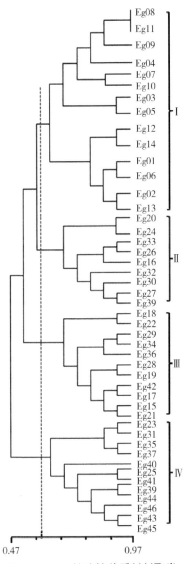

图 3-35　46 份油棕种质材料聚类分析结果

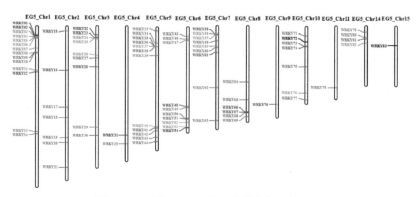

图 3-36　油棕 *WRKY* 基因在染色体上的分布

89 167 bp，平均每个 *EgWRKY* 基因大小为 5 992 bp。

根据 95 个 *EgWRKY* 基因的氨基酸序列进行了聚类分析，这些 *EgWRKY* 基因可分成 9 个组，仅仅含有 1 个 *WRKY* 结构域 67 个 *EgWRKY* 分到除了第 5 和第 6 组以外的所有的组中，绝大部分含有两个 WRKY 结构域的 *EgWRKY* 被分到第 1、第 5 和第 6 组中，而绝大部分含有 WRKY 和 C_2H_2 锌指结构域的 *EgWRKY* 基因被聚到第 7 组（图 3-37）。

通过分析了 95 个 *EgWRKY* 基因在不同组织中（中果皮、果仁、雄花、雌花、叶子、根）的表达变化，发现 5 个 *EgWRKY* 基因（#08、#09、#37、#38、#40）在所有组织中都没有表达，大部分 *EgWRKY* 基因在不同组织中，都展现了低的表达水平（RPKM 值 < 15），30 个 *EgWRKY* 基因仅仅在一个组织展现高表达（RPKM 值 > 15）。

基于转录组数据，研究了 95 个 *EgWRKY* 基因在低温处理下的表达变化，所有的 *EgWRKY* 基因在低温处理下，都能诱导表达，此外，17 个 *EgWRKY* 基因在低温处理下诱导表达 2 倍以上，这些

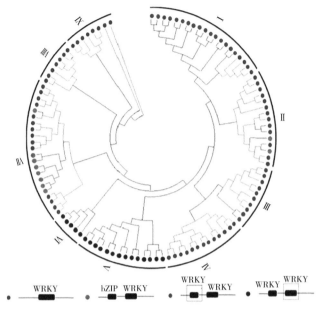

图 3-37　95 个 *EgWRKY* 基因的聚类分析

结果也被定量 PCR 验证。

　　通过油棕低温逆境应答的分子生物学基础研究，在比较转录组测序与分析方面，发现油棕低温胁迫下有 11 579 个的表达有不同程度的上调，同时有 2 246 个基因的表达受到了抑制，其中参与代谢、分子转运等过程的相关基因表达增强，转录因子 *AP2*、*NAC*、*Bzip*、*Homedomain* 和 *WRKY* 家族的基因的表达明显上调，说明在低温胁迫下，生命过程发生了剧烈的变化。对 *CBF* 介导的低温应答路径的分析发现共发现了 8 个与 CBF 同源的转录本，3 个与 *ICE* 和 *SIZ*1 的同源基因，1 个与 *MYB*15 和 1 个与 *HOS*1 同源的转录本，油棕可能同其他植物一样由 *CBF* 来传递低温胁迫的信号并调控相关基因的表达。进一步的研究发现，油棕存在着不同于温带植物的 *CBF* 介导的低温应答机制，长期的热带环境适应使部分油棕的

COR 基因的启动子产生变异，并失去了相应的功能，该研究丰富了低温应答的分子调控的理论基础。

在分析多重转录组数据的基础上，筛选了 16 个内参候选基因，通过对油棕在低温（8 ℃）胁迫下稳定表达的内参基因的验证，筛选了 *ACT*1、*ACT*2 为油棕低温胁迫下稳定表达的内参基因。

在比较转录组的基础上，开发了油棕抗寒相关的 SSR 分子标记 182 个，通过关联分析挖掘 3 个与 *ICE*、*CBF* 和 2 个 *NAC* 同源基因相关联的分子标记，为油棕耐寒分子辅助育种提供了基础。

2. *MYB* 基因家族的全基因鉴定及低温胁迫表达分析

利用生物信息学技术和方法，在油棕基因组范围内鉴定获得 *MYB* 家族成员共 159 个，呈不均匀分布在油棕的 16 条染色体上（图 3-38），其中第 5 条染色体上分布最多为 15 个基因，第 9 条染色体上的基因数最少，为 2 个基因。

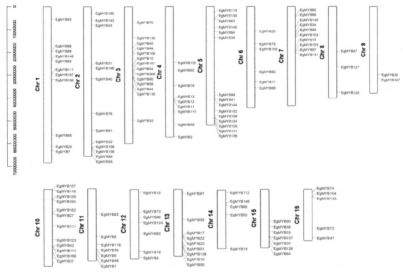

图 3-38　油棕 *MYB* 基因在染色体上的分布

分析了这些 *MYB* 基因的结构（图 3-39），它们的内含子数量变异较大，从 0 到 9。平均每个 *MYB* 基因含有 1.86 个内含子。含有 2 个内含子的 *MYB* 基因最多，其次是含有 3 个内含子的 *MYB* 基因。这些 *MYB* 的大小变异较大，从 302 bp 到 70 442 bp，平均每个 *MYB* 基因大小为 4 601 bp。

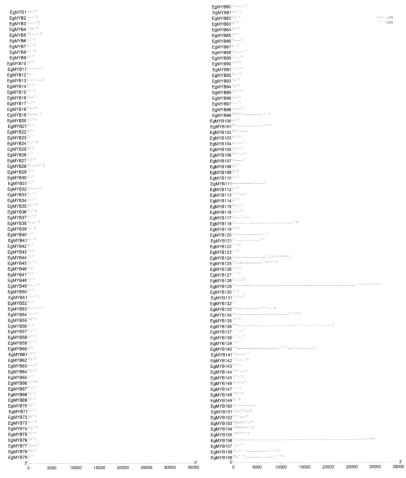

图 3-39　油棕 *MYB* 家族成员的基因结构

根据油棕 *MYB* 基因氨基酸保守序列进行聚类分析，并将 159 个基因分为 R2R2 和 3R 两个大家族，其中 R2R3 家族又被分为 25 个亚家族，且每个亚家族均含有相似的保守结构域（图 3-40）。

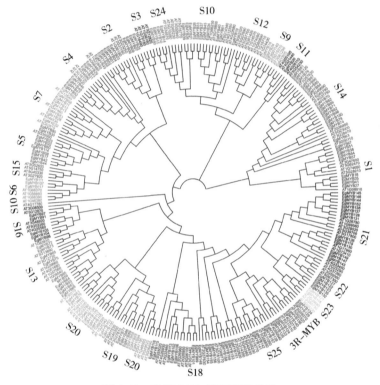

图 3-40　油棕 *MYB* 基因聚类分析

为了进一步分析油棕 *MYB* 基因的进化关系，我们对基因共线性进行分析（图 3-41），发现共有 52 个重复基因对，可推测油棕这个物种经历了长期的分化过程，使得 *MYB* 基因在结构和功能上存在高度的保守性和相似性。

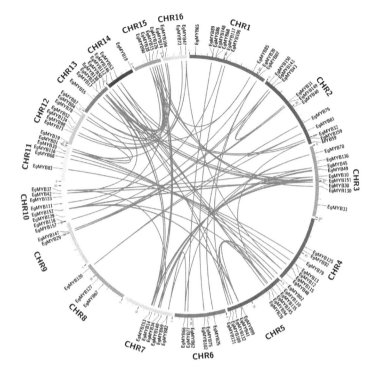

图 3-41　油棕 *MYB* 共线性分析

利用荧光定量 PCR 技术考察 *MYB* 基因在低温、干旱和高盐胁迫下的表达情况，结果如图 3-42 所示，*MYB*03 在低温和干旱胁迫下表达显著上升，*MYB*07 和 *MYB*22 在低温和高盐胁迫下表达显著上升，*MYB*38 在低温、高盐和干旱胁迫下表达量均显著上升。该结果表明编号为 03、07、22 和 38 的基因均属于低温应答反应型基因。

总之，通过油棕抗寒生物学基础研究，阐述油棕抗寒的机理，将为抗寒的种质资源筛选提供依据，加快适合我国大面积推广的抗寒新品种的培育，推动抗寒品种向北推移，扩大油棕的种植面积，推动油棕产业的发展。

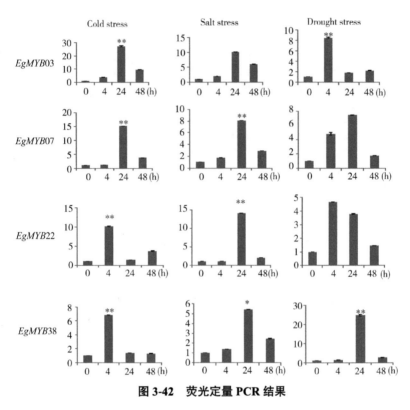

图 3-42 荧光定量 PCR 结果

参 考 文 献

曹红星, 黄汉驹, 雷新涛, 等, 2014. 不同低温处理对油棕叶片解剖结构的影响 [J]. 热带作物学报, 35(3): 454-459.

曹红星, 孙程序, 冯美利, 等, 2011. 低温胁迫对海南本地油棕幼苗的生理生化响应 [J]. 西南农业学报, 24(4): 1282-1285.

曹红星, 张大鹏, 王家亮, 等, 2014. 低温对油棕可溶性糖转运分配的影响 [J]. 西南农业学报, 27(2): 591-594.

李艳, 马子龙, 王必尊, 等, 2008. 油棕不同叶序五种营养元素含量的测定及变化规律研究 [J]. 中国油料作物学报, 30(4): 464-468.

刘立云, 李艳, 雷新涛, 等, 2013. 寒害与季节变化对油棕叶片大中量营养元素含量及其变化规律的影响 [J]. 西南农业学报, 26(3): 1227-1230.

刘立云, 李艳, 王萍, 等, 2008. 油棕不同叶序 Fe、Mn、Cu、Zn 的变化规律及测定 [J]. 热带作物学报, 29(5): 596-599.

夏薇, 肖勇, 杨耀东, 等, 2014. 基于 NCBI 数据库的油棕 EST-SSR 标记的开发与应用 [J]. 广东农业科学 (2): 144-148.

肖勇, 杨耀东, 曹红星, 等, 2013. 油棕 CBF 基因的克隆及与禾本科植物 CBF 基因的进化关系 [J]. 中国农学通报, 29(18): 127-131.

周丽霞, 曹红星, 2020. 基于 SRAP 分子标记的不同种壳厚度油棕种质资源遗传多样性分析 [J]. 南方农业学报, 51(9): 2094-2100.

周丽霞, 曹红星, 2020. 油棕 WRKY 转录因子的全基因组鉴定与分析 [J]. 广西植物, 40(7): 977-987.

周丽霞, 吴翼, 肖勇, 2017. 基于 SSR 分子标记的油棕遗传多样性分析 [J]. 南方农业学报, 48(2): 216-221.

周丽霞, 肖勇, 杨耀东, 2014. 油棕转录组 SSR 标记的开发研究 [J]. 广东农业科学 (14): 136-138.

XIAO Y, ZHOU L X, LEI X T, et al., 2017. Genome-wide identification of WRKY genes and their expression profiles under different abiotic stresses in *Elaeis guineensis*[J]. PloS One, 12(12): e0189224.

ZHOU L X, YARRA R, JIN L F, et al., 2020. Genome-wide identification and expression analysis of *MYB* gene family in oil

palm (*Elaeis guineensis* Jacq.) under abiotic stress conditions[J]. Environmental and Experimental Botany, 180: 104245.

ZHOU LX, RARRA R, CAO H X, et al., 2021. Sequence-related amplified polymorphism (SRAP) markers based genetic diversity and population structure analysis of oil palm (*Elaeis guineensis* Jacq.)[J]. Tropical Plant Biology, 14: 63-71.

ZHOU LX, RARRA R, ZHAO Z H, et al., 2020. Development of SSR markers based on transcriptome data and association mapping analysis for fruit shell thickness associated traits in oil palm (*Elaeis guineensis* Jacq.)[J]. 3 Biotech, 10: 1-11.

第四章 我国油棕抗寒区域性 引种试种

第一节 我国油棕引种史及引种类型

一、我国油棕引种史

油棕原产于热带几内亚西部，15世纪时才被引种到非洲其他地区、东南亚及拉丁美洲赤道附近的热带地区。油棕存在野生、半野生和栽培3种种植园，其中以栽培种植园的比例最高，油棕栽培种植园的出现和发展，是依靠引种来推动的。

中国于1926年开始引种油棕，并将其试种在海南的儋州市、琼山、万宁和琼中等地。1941年后又将其引种至云南河口、广东雷州半岛和广西等地，但均未形成规模生产。到20世纪50年代中期，我国大量引种油棕（杜拉种，Dura），海南有17个县种植，如南滨农场、红星农场、南海农场、九曲江公社和华南热带作物研究院（现为中国热带农业科学院）试验农场等，此外，云南西双版纳、普洱市、澜沧县、德宏州等地也有种植。至1962年，海南油棕的民营种植面积达1.9万 hm^2，1965年，海南的油棕种植面积约为4.3万 hm^2，年产棕榈油最高约600 t，单产棕榈油150～

2 250 kg/hm^2·年。1973 年和 1984 年我国分别从国外引入了油棕薄壳种，但均在 20 世纪 80 年代中期先后停产或未曾正式投产，因主观上认识不足，客观上受环境条件限制、品种落后适应性不强、荒芜失管等，造成油棕栽培失败。据华南热带作物研究院 1990 年对海南油棕种植资源考察，发现海南油棕为零星分布，种植面积急剧下降，仅有 0.4 万 hm^2，大部分油棕均被作为绿化树木，种植区已被其他作物取代。

1999，我国开展了新一轮油棕新品种引进，并在过去被认为是油棕次适宜区（早寒区等）的海南省儋州地区试种 10 hm^2，试种的初步结果表明，新引进油棕品种具有矮生、早熟，少量品种具有高产、高抗以及含油率高等优点，但株间性状存在较大的差异。近年来随着我国对油棕产业的重视，通过引种试种工作的推进，油棕种植面积开始逐步扩大。目前，我国油棕主要分布在海南、云南、广东和广西，其中在海南岛南部、西北部和云南的西双版纳种植的较多，大部分能够正常生长和开花结果，部分植株挂果累累。

综上所述，各种迹象表明，我国热区已种植了大量油棕，部分种质综合表现较为优异。对目前我国热区的油棕种植利用现状的调研和观测，挖掘和培育耐寒等抗性较强的优良油棕种质，不但符合国家粮油产业发展宏观决策的需要，同时也是为我国热区发展油棕产业决策提供所必需的依据，是一个关于我国油脂生产上具有战略性意义的课题。

二、引种类型

通过对我国油棕种质资源的调查结果表明，目前在海南全省、云南、广东和广西的部分地区都有分布。我国从 20 世纪 20 年代开始引进油棕，尤其是在 20 世纪 50—60 年代和 80 年代分别从印度尼西亚等国引进了大量的种质资源，主要类型可分为大叶杜拉型（*Elaeis quineensis* var. *Dura* Large Leaf）、小叶杜拉型（*Elaeis quineensis* var. *Dura* Small Leaf）、日里杜拉型（*Elaeis quineensis* var. *Deli Dura*）、绿果杜拉型（*Elaeis quineensis* var. *Virescens*）、杜拉杂交型、比西夫拉变种（*Elaeis quineensis* var. *Pisifera*）、丹那拉变种（*Elaeis quineensis* var. *Tenera*）、美洲油棕（*Elaeis oleifera*）等。

1. 大叶杜拉型

该类型于 1940 年引进海南崖城示范场试种，1956 年在海南南滨农场开始繁殖种植，记录产量 15 年，从群体中选出高产树 208 号，该树小叶片较宽，故定名大叶杜拉型油棕，有自交系 15 株。

主要特征：植株生势茂盛，茎干矮生，7 龄树株高 1.4 m，茎围 2.8 m，叶片较大，最长小叶宽 5.7 cm，果穗产量高，小叶 145 对，平均小叶长 76.9 cm，叶面积 12.7 m²；叶柄厚 3.6 cm，宽 7.2 cm；果穗产量高，4 年平均单株果穗重 65 kg，平均单株果穗数 7 个，平均单穗重 9.3 kg，果实卵形，果实长 4.5 cm，果径 2.5 cm，果肉厚 0.15 cm，核壳厚 0.29 cm（10 个果实平均值），未成熟果实为紫黑色，成熟果实为橙红色；性比率为 33%。

2. 小叶杜拉型

该类型来源与大叶杜拉型相同，记录 15 年产量，从群体中选出高产树 217 号。它的小叶片较狭，故定名小叶杜拉型油棕，有自交系 15 株。

主要特征：植株生势良好，叶片的小叶较狭小，最长小叶宽 4.4 cm，平均小叶长 58.6 cm，小叶 143 对，叶面积 7.4 m²；叶柄厚

3.3 cm，宽 6.2 cm；7 龄树株高 2.2 m，茎围 2.6 m；4 年平均单株果穗数 8.2 个，平均单株果穗重 50 kg，平均单穗重 6.1 kg；果实椭圆形，果长 4.4 cm，果径 2.4 cm，果肉厚 0.14 cm，核壳厚 0.43 cm；性比率为 46%；未成熟果实为紫黑色，成熟果实为橙红色。

3. 日里杜拉型

该类型是印度尼西亚多代繁殖驯化的厚壳型，1960 年引进海南岛，1964 年华南热作研究院种植 499 株，经 20 年试种，从群体中选出优良高产树 21-46 号。

主要特征：生势茂盛，叶色浓绿，树冠开展，25 龄树茎高 8.3 m，茎围 2.8 m；叶片长 5.4 m，小叶 165 对，最长小叶宽 4.9 cm，平均小叶长 72.9 cm，叶面积 11.8 m²；果肉厚 0.36 cm，核壳厚 0.22 cm；果实占果穗比率 60.3%，果肉占果实比率 60.8%，种子占果实比率 39.2%；果实卵形，未成熟果呈紫黑色，成熟果呈橙红色；果穗产量高，年平均单株产果穗数 6.5 个，年平均单株果穗重 76.4 kg，比群体平均产量高 134.5%；较耐低温和抗风，在绝对低温 3℃时，连续出现 7 次短暂霜冻，叶片没有受冻害，开花结果正常，1981 年台风叶片受害率仅为 4.8%，1989 年 26 号台风未对叶片造成伤害，可见它是一株高产、耐低温和相对抗风的类型。

4. 绿果杜拉型

该类型是从绿果型油棕群体中选出的 248 号树，有自交系 6 株。

主要特征：植株生势中等，7 龄树茎干高 2.1 m，茎围 2.7 m；最长小叶宽 4 cm，小叶 126 对，平均小叶长 52.5 cm，叶面积 5.3 m²；平均单株果穗数 8 个以上，平均单株果穗重 37.5 kg，平均单穗重 4.5 kg，产量低；果肉厚 0.18 cm，核壳厚 0.31 cm；未成熟果呈绿色，成熟果为橙黄色；性比率高达 93%。

5. 杜拉杂交型

该类型是用大叶杜拉作母本、小叶杜拉作父本杂交获得的杂种，核壳 100% 是厚壳型，有杂种植株 36 株。

主要特征：植株生势茂盛，果穗产量高，4 年平均单株产果穗 66.1 kg，比上述 4 个类型自交系都高产；果肉厚 0.14 cm，核壳厚 0.31 cm；果长 4.6 cm，果径 2.5 cm；性比率 58%；最长小叶宽 5.7 cm，小叶对数 182 对，平均小叶长 72.3 cm，叶面积 15 m^2；10 年龄树高 2.8 m，茎围 2.6 m，未成熟果呈紫黑色，成熟果呈橙红色。

6. 比西夫拉变种

该变种又称为无壳变种，1960 年从新加坡引进，共有 2 株，即 1-296 号和 1-724 号树。

主要特征：果实的果肉特厚，果肉占果实比率 98.8% ～ 99.5%，种子占果实比率 0.5% ～ 1.2%，无核壳或核壳薄如纸，核仁如黄豆；果实占果穗 42% ～ 42.5%；果穗和果实败育率高，产量极低，年平均果穗数 0.85 ～ 0.95 个，年平均单株果穗重 6.2 ～ 8.0 kg。树体生势良好，稍耐低温，轻微寒害。

7. 丹那拉变种

该类型是采用杜拉变种作母本，比西夫拉变种作父本杂交获得的杂种，是主要栽培种，第一代 100% 薄壳型，第二代就会分离出厚壳、无壳、薄壳 3 个类型。比较高产的组合共有 2 个。

（1）6-17 号组合：1978 年定植 24 株，记录 5 年产量。主要特征：长势茂盛，产量高，5 年平均单株产果穗数 6.6 个，平均单株

产果穗重 49.1 kg；果肉厚 0.52 cm，核壳厚 0.13 cm，核壳外围有纤维轮，果肉占果实 73.9%；叶片长 6.4，小叶 167 对，平均小叶长 71.8 cm，最长小叶宽 4.8 cm，叶面 11.5 m²；10 龄树株高 3.4 m，茎围 2.2 m；抗风性差，1989 年 9 ～ 10 级台风，平均单株断叶率在 50% 以上。

（2）6-19 号组合：1978 年定植，记录 5 年产量。主要特征：生势茂盛，产量稍高，5 年平均单株产果穗数 5.7 个，平均单株产果穗重 36.9 kg；果肉厚 0.58 cm，核壳厚 0.1 cm，核壳外围具纤维轮，果肉占果实 79.1%；叶长 5.9 m，小叶 1 74 对，平均小叶长 69.6 cm，最长小叶宽 4.7 cm，叶面积 11.4 m²；10 龄株高 2.9 m，茎围 2.1 m，抗风性能与 6-17 号组合相同。

8. 美洲油棕

产于美洲，20 世纪 70 年代从扎伊尔引进试种，定植后 3 年抽花苞，但都败育了。

主要特征：茎干矮生，7 龄树茎干高 1.9 m，长至一定高度后斜生；叶片的小叶以同一平面排列于主叶轴上，而非洲油棕的小叶在主叶轴上呈上下交错排列，叶长 3.9 m，小叶 137 对，平均小叶长 69.4 cm，最长小叶宽 6.5 cm，叶面积 12.4 m²，叶柄厚 5 cm，宽 8 cm。据国外报道，棕油含油酸、亚油酸等不饱和脂肪酸高达 60%，而非洲油棕的只有 40%；果实小，果肉薄，核壳厚，产量低。

自 20 世纪 90 年代末开始，中国热带农业科学院椰子研究所又开始从马来西亚、印度尼西亚、哥斯达黎加、缅甸、巴西等国和非洲的尼日利亚、喀麦隆、刚果（布）等国家引进高产和一些特异的资源类型或品种品系，如 D×P 系列、PS 系列、Deli×Lame、

Deli×AVROS 等，收集的部分种质见图 4-1，种质的繁育及入圃见图 4-2。2015 年新引入 9 份油棕抗寒种质，并分别在广西东兴市（图 4-3）和云南保山市试种（图 4-4）。

图 4-1　收集的部分油棕种质资源
（王永 拍摄）

图 4-2　油棕幼苗的繁育
（李杰 拍摄）

图 4-3　广西东兴试种点油棕生长情况
（张林辉 拍摄）

图 4-4　云南保山试种点油棕生长情况
（张林辉 拍摄）

目前，我国栽培的油棕种质资源类型或品系主要有 Dura、Deli Dura 等厚壳类型，但厚壳种油棕出油率低，抗逆性差。此外，油棕原产于热带地区，从国外引进的油棕品种抗寒性相对较差，不能很好地适应我国的气候环境，对我国油棕的推广种植工作带来一定的困难。虽然近年来我国也从印度尼西亚和马来西亚等国引进高产

的优良品种，但均是杂交品种，如果再进行种植，其后代容易分离，因此加快培育具有自主权的、能够适应我国气候的油棕新品种是我国油棕产业健康、持续快速发展的关键。

第二节　油棕抗寒区域性引种试种研究

一、油棕寒害概念

作物对低温的反应有多种情况和类型，著名植物生理学家罗宗洛在 20 世纪 50 年代早期对寒害有过明确的界定，寒害是温度不低于零度，热带、亚热带植物因气温降低引起种种生理机能上的障碍，因而遭受损伤。

寒害北方少见，多见于热带、亚热带。1953 年 12 月底雷州半岛和高州地区最低气温在 6 ～ 8 ℃，树苗出现芽枯、顶枯、茎枯等现象，树苗组织并未出现结冰现象。著名的气象学家、农业气象学家吕炯、江爱良在对热带、亚热带作物研究中明确指出 0 ℃以上的受害是寒害。因此，从温度条件来看，寒害发生时温度在 0 ℃以上低温，作物遭受伤害；从发生季节来看，寒害发生在温暖气候条件的冷害时期；从发生的地区看，寒害主要发生在热带、亚热带地区的少数年份；从危害的作物看，寒害主要危害热带、亚热带作物，如油棕、椰子、橡胶、龙眼和荔枝等；从危害作物生育时期来看，寒害发生在生长缓慢或停止生长期；从作物受害机理来看，寒害是造成植物生理的机能障碍，严重的可导致植株死亡；从受害的时间过程看，寒害受害过程时间较长，一般需要有 2 天以上的低温天气过程。

二、油棕寒害表现

油棕是典型的热带多年生木本油料作物，性喜高温多湿的气候。日均温在 18 ℃以上才开始生长，最适宜生长发育的气温是 24 ～ 27 ℃，平均最高温度为 29 ～ 33 ℃，平均最低温度为 22 ～ 24 ℃；月均温在 22 ～ 23 ℃，需有 7 ～ 8 个月才能正常开花结果。我国除海南南部以外，其他热区均属于热带边缘部分，大部分最冷月平均气温为 15 ～ 19 ℃，平均极端低温为 5 ～ 8 ℃，比世界其他热带地区都低，低温寒害往往给热作生产造成重大损失。研究还认为，低温特别是极端低温对油棕的影响最大，应把极端低温作为引种栽培的重要参考因素。当气温低于 18 ℃时，油棕生长显著延缓，果实发育不良；当气温低于 12 ℃时，枪叶基本停止生长；当气温降至 5 ～ 8 ℃以下并持续数天之久时，各树龄油棕会出现不同程度的寒害，具体表现为：叶出现冻斑、冻块和叶缘枯死（图 4-5）；当气温降至 3 ℃，并连续 7 天有霜时，成龄油棕的心叶大部分冻烂（图 4-6），花序败坏败育率增加，幼苗、幼树和成龄树均有个别冻死，因而造成严重的减产。

图 4-5　油棕老叶寒害表现
（冯美利 拍摄）

图 4-6　心叶寒害表现
（冯美利 拍摄）

油棕的抗寒能力存在个体及品种差异，具有明显的生态型特点，这是油棕遗传适应性对生态环境表现出的适应能力的差异所致，不但表现在生长上，也表现在其高产特性上。2008 年初，南方诸多地区出现低温雨雪天气，如广东遭遇了 80 年一遇的持续低温阴雨天气，长达 32 天，全省平均气温 9 ℃，比同期低 4 ℃，油棕叶片寒害指数增大，花序、幼果及叶片受较大影响，并导致当年产量下降，叶片总厚度和组织疏松度变化明显，细胞膜质透性（RC）和丙二醛（MDA）含量不断增大或均先下降后上升，叶片相对含水量（RWC）不断下降，可溶性蛋白含量不断下降或先升后降，可溶性糖含量先上升后下降或不断增加或不断减少，脯氨酸含量、束缚水 / 自由水的比值、超氧化物歧化酶（SOD）、过氧化物酶（POD）、过氧化氢酶（CAT）活性先上升而后下降。叶片光合气体参数净光合速率（Pn）、蒸腾速率（Tr）和气孔导度（Gs）均呈先缓慢后快速下降的趋势，气孔限制值（Ls）、瞬时水分利用效率（WUE）先上升后迅速下降，Gi 先下降后上升，叶绿素荧光参数 Fo、Fm、Fv/Fm、qP、qN 均显著下降，叶绿素含量波动变化。但在自然常温条件下，油棕的气体交换参数中以温度和光合有效辐射对油棕光合特性的影响最大。

三、油棕种植区域划分

陆明金等根据油棕 1960—1980 年在海南的适应性研究，明确了温度、雨量和台风等生态因素对油棕生长发育和产量的影响（温度是刺激油棕生长发育和产量的主要因素），将海南的油棕区划分为 3 个不同的适应区，即适生区（乐东、三亚和陵水南部的平原丘陵地区，雨量少）、寒害区（昌江、儋州、临高和澄迈等县的部分地区，低温）和风寒害区（琼山、文昌、琼海和定安等县，风害和低温）。该项技术成果于 1981 年获农垦部科技成果三等奖。

方复初等根据海南的油棕种植气候条件（温度、降水量、台风、日照）及其在三亚、儋州和定安等地的油棕产量表现对油棕农业区域进行了划分，将海南划分为 5 个油棕农业气候区，即西南部旱热区（三亚、乐东、东方和保亭等部分地区，最适宜区）、东南沿海风热区（三亚、陵水和万宁等部分地区）、西部旱寒区（儋州、昌江、临高和白沙西部地区）、中部重寒区（五指山、琼中和白沙等五指山中部及澄迈等地）及东北部风寒区（海南东北部、如文昌、定安、琼海和屯昌等地）。

根据油棕的生物学特性以及海南地区气候条件的差异，选取 5 个气候要素（年平均气温、极端最低气温的多年平均值、年降水量、年降雨天数、年日照时数），应用相似分析对海南油棕引种扩种适宜气候生态条件的区划，将海南划分为 4 个油棕农业气候区，即适宜区（琼海、万宁、陵水、三亚和乐东西南部，东方中部和昌江中部）、较适宜区（琼山东半部、文昌、琼海西部、琼中东南部、保亭南部、乐东中部、东方东部、昌江西北部以及东方和儋州西部沿海）、较次适宜区（琼山西部、定安、屯昌、琼中和保亭中部，乐东东北部、白沙及儋州大部分，临高和澄迈）及不适宜区（琼中、白沙和五指山海拔较高的山地）。

中国热带农业科学院橡胶研究所于 2009 年 10 月至 2013 年 6 月，通过对我国热区广东、福建、广西、云南及海南油棕种植利用现状的调查和长期定位观测，初步明确了我国油棕种植区域，南自

海南省三亚市（北纬 18°16'），北至云南省楚雄彝族自治州元谋县（北纬 25°47'），跨越北纬 8 个纬度区间，具体信息见表 4-1，但主要分布在北纬 21° 和 22° 区间，揭示了热带北缘区域现存油棕的生态适应性。

表 4-1 种植在不同纬度区间的油棕分布情况

纬度区间	油棕种植分布情况
25° 区间	云南省元谋县、泸水市、南涧县
24° 区间	云南省瑞丽市、陇川县、芒市、云县、盈江县、保山市，福建省厦门市、漳州市
23° 区间	云南省元阳县、元江县、双江县、景谷县和永平镇、耿马县、镇沅县，广东省广州市、惠州市、东莞市
22° 区间	云南省热带作物科学研究所、云南省河口县、景洪市城区、孟连县、河口县、澜沧县、江城县、普洱市思茅区，广东省深圳市，广西壮族自治区南宁市、崇左市
21° 区间	云南省西双版纳植物园、云南省勐海县、勐捧镇、勐醒村、勐腊县、橄榄坝，广东省湛江市、化州市、阳江市、茂名市
20° 区间	广东省雷州市，海南省澄迈县、海口市、文昌市、定安县
19° 区间	海南省琼海市、白沙县、昌江县、东方市、儋州市
18° 区间	海南省三亚市、万宁市、五指山市、乐东县

研究发现，在东经 98°～118°、北纬 18°～25°、海拔 0～1 342 m 区间，包括华南 5 省区 57 个市县的不同生态区域内均有零散分布的人工油棕群落，主要是园林绿化树木。但多数地区油棕能生长和开花结果，甚至有些油棕单株挂果累累。由此推论，在海南、云南、广东等南亚热带区域，只要有合适的品种，并配套合理

的栽培技术，不但能种植而且有希望获得较高的产量。研究还发现，油棕在年均温 19.6～25.6 ℃和年降水量 800～2 022.7 mm 的地区能正常开花结果，部分油棕能在冬季低温期开花结果；遇强降温天气（如 2008 年特大平流降温天气）普遍发生寒害（如 2008 年广东的油棕受害率 92.1%），但多数能恢复（2008 年广东油棕寒害死亡率 0.8%）；在极为粗放的条件下，油棕仍可生长结果，其中油棕优株年新增叶片 11～27.4 片，年茎高增长 0.1～1.05 m，年结果 4～18.5 串 / 株，果穗重 6.4～31.1 kg/ 串，年产鲜果 57.3～338.2 kg/ 株（按 150 株 / hm^2 计，单位面积鲜果穗产量 0.86 万～5.07 万 kg/hm^2），这些成果将为我国油棕种植区划提供重要参考。表 4-2 列举了一些种植在不同纬度地区的油棕生长结果情况，从表中可知，由于品种和种植时间等的差异，油棕平均挂果量并没有随着纬度升高而发生明显变化，不过在较低纬度地区种植的油棕，其高产潜力要大一些。从调研的初步结果可知，就现有品种和抚育管理状况而言，油棕在较高纬度地区也能够生长并且大部分能开花结果，个别单株挂果累累，但是低温影响的风险仍然存在。

表 4-2 种植在不同纬度地区的油棕生长结果情况

纬度	种植地点	经纬度	年均气温 (℃)	调查总株数 (株)	株高 (m)	开花株数 (株)	挂果株数 (株)	平均挂果量 (串/株)	估计单产鲜果穗/hm²)
25°	云南省楚雄州元谋县	北纬 25°47′ 东经 101°58′	21.9	12	3～10	10	8	1	1 350
24°	云南省德宏州芒市	北纬 24°46′ 东经 98°34′	19.6	510	约 15	约 510	约 400	4	8 100
	福建省厦门市	北纬 24°41′ 东经 117°42′	21.0	15	5～18	15	5	2	600
	福建省漳州市	北纬 24°45′ 东经 118°07′	21.0	20	8～15	15	15	2	600
	云南省红河州元阳县	北纬 23°43′ 东经 102°49′	23.4	300	约 10	约 300	约 60	2	2 700
23°	云南省临沧市双江县	北纬 23°48′ 东经 98°49′	19.9	382	约 15	约 382	约 375	5	10 025
	云南省玉溪市元江县	北纬 23°56′ 东经 101°59′	23.2	150	10	150	15	3	4 050
	广东省广州市天河区	北纬 23°31′ 东经 113°21′	21.4～21.9	5	7～9	5	2	3	3 600～5 400
	广东省东莞市	北纬 22°58′ 东经 113°54′	23.1	16	7.5～8	4	12	3.5	—

续表

纬度	种植地点	经纬度	年均气温（℃）	调查总株数（株）	株高（m）	开花株数（株）	挂果株数（株）	平均挂果量（串/株）	估计单产（kg鲜果穗/hm²）
23°	云南省普洱市澜沧县	北纬22°53′东经99°55′	19.9	495	约15	485	450	4	8 100
	广西南宁	北纬22°59′东经108°38′	22.3	2	6	2	2	2	450
22°	广东省深圳市	北纬22°53′东经114°4′	22.5	39	5~6.5	39	19	4.5	5 400~9 450
	广东省深圳市	北纬22°53′东经114°4′	22.5	29	4.5~6.5	29	14	5.0	3 000~12 000
	广东省深圳市	北纬22°53′东经114°4′	22.5	80	5.5~9	6	80	3.0	1 800~3 600
	广西崇左	北纬22°53′东经114°4′	22.1	1	8	1	1	2	450
	云南省景洪市	北纬21°59′东经100°57′	22	711	10	711	710	6	13 500
	云南省西双版纳州勐腊县	北纬21°48′东经101°33′	21.7	124	10	124	124	—	10 125
21°	广东省茂名市	北纬21°48′东经101°33′	22	99	5.7~7	76	99	6.0	5 400~25 200
	广东省茂名市	北纬21°48′东经101°33′	22	9	13~14	5	9	2.5	750~1 500
	广东省湛江市	北纬21°33′东经110°24′	23.2	8	9~15	2	8	3.0	900~2 700
	广东省湛江市	北纬21°33′东经110°24′	23.2	126	6~8.5	83	126	2.5	1 500~7 500
20°	广东省雷州市	北纬20°59′东经110°05′	22.0	24	7~12	24	2	1	600

续表

纬度	种植地点	经纬度	年均气温（℃）	调查总株数（株）	株高（m）	开花株数（株）	挂果株数（株）	平均挂果量（串/株）	估计单产（kg鲜果穗/hm²）
19°	中国热科院儋州创业大道	北纬19°50' 东经109°29'	23.1	378	10	378	261	3	4 050
	海南省白沙县	北纬19°37' 东经109°14'	22.5	20	8	18	15	3	4 500
	海南省白沙县	北纬19°37' 东经109°14'	22.5	87	10	77	42	4	5 000
	海南省昌江县	北纬19°35' 东经108°41'	22.5	20	10	18	15	3	4 500
18°	海南省东方市	北纬19°26' 东经108°41'	22.5	1 800	5	1 100	33	2	1 500
	海南省琼中县	北纬19°31' 东经109°40'	22.5	50	10	40	25	3	9 000
	海南省三亚市	北纬19°31' 东经109°40'	25.4	15	10	15	14	4	6 000
	海南省三亚市	北纬19°31' 东经109°40'	25.4	400	4	370	330	6	4 500

四、油棕适应性表现

我国引种油棕至今已有近90年的历史，但对油棕的系统研究始于1960年前后第1次大规模引种后，1991年停止商业化生产和科研。1998年开始新一轮油棕引种试种至今，其间在油棕生物学观察分析、种子育苗技术、幼龄树习性观察、栽培技术措施、生态适应性及寒害调查等方面做了大量观测研究。海南农垦经过长期的生产实践，不断摸索掌握油棕的生长与开花结果习性，并总结出适应海南生产的油棕丰产栽培综合技术，包括株植油棕地选择、林段设计、定植和抚管技术等。

受拉尼娜及大气环流异常影响，2008年，我国南方出现了冰雪灾害天气。广东省自2008年1月13日至2月13日出现了80年一遇的持续强降温阴雨天气，绝大多数作物遭遇了历史罕见的寒害。1月13日至2月13日，全省平均气温为9.0 ℃，与常年同期相比偏低4.0 ℃，居历史最低值。在此期间，西北部日平均气温低于10 ℃的天数为25～32天，东南部偏东地区和雷州半岛为3～15天，其余地区为15～25天。日平均气温低于5 ℃的天数，西北部为10～29天，东北部和中部部分地区为1～10天。在2008年强降温天气过程中，全省有72个市县（占全省的84%）平均气温破历史同期最低纪录，其中，1月25日至2月13日期间，气温维持在较低的水平，且与常年同期相比，74个市县（占全省的86%）偏低5～7 ℃，全省有81个市县（占全省的94%）破历史同期最低纪录。此外，据来自广东省气候中心的统计显示，此次阴湿寒冷天气持续了32天，其间全省大部分地区降水比常年同期偏多1倍。

强降温后，当地诸多原生植物和引种多年的作物都出现了严

重寒害。如在广东省茂名地区种植的成岭橡胶树也出现了严重的寒害，寒害为 3 级，据调查，寒害导致当年干胶产量减少幅度高达 90% 以上，大部分橡胶幼树干枯死亡，众所周知，油棕喜高温、高湿环境，且其花芽分化过程大约需要 2 年的时间，因而有可能对低温胁迫更加敏感。在本次调研中，我们将广东省各地种植的油棕在 2008 年强降温天气过程中的表现症状作为调研的重点内容之一。

通过本调研结果，我们把油棕寒害症状大致分为以下 4 个级别：①重度寒害，整株死亡；②中度寒害，树冠枯萎死亡，但在当年或翌年逐步复活，枪叶伸长生长严重受阻，新叶扭曲变形；③轻度寒害，部分下层叶片干枯，碎裂或败果烂果；④基本无寒害，无明显寒害症状，植株能够正常开花结果，个别植株挂果累累。

从调研结果（表4-3）总体来看，在北回归线附近种植的油棕，在 2008 年强降温天气影响下的表现，大体可分为 4 类：①极少数植株表现为重度寒害，整株死亡；②少数植株表现为中度寒害症状，整株干枯死亡，但在当年或翌年逐步复活；③绝大多数植株有轻度寒害，即成龄叶片有部分干枯，新叶伸长生长受阻，新叶叶片小且不规则，幼果腐坏，但这些植株在发生寒害当年或翌年恢复正常生长和开花，雄花比例较大；④少数植株基本上没有寒害症状，能够正常生长、开花、结果，甚至挂果累累。油棕的寒害情况总体上是随着纬度的下降而减轻，深圳市、湛江市的油棕寒害症状已不明显，在海南已不见寒害迹象，这表明，近年来从国外引进的油棕新品种有较好的抗寒能力，包括耐低温胁迫能力和恢复生长能力。所以目前油棕被人们接受，并引种到纬度更高、范围更大的地区。但是特强降温天气所致的寒害威胁还是存在的。

表4-3 油棕2008年寒害和恢复生长情况

种植地点	调查株数（株）	死亡株数（株）	恢复株数（株）	叶片寒害株数（株）	无明显症状株数（株）	受害率（%）	死亡率（%）	挂果株数（株）	挂果数（串/株）	最多挂果树（串/株）
广州市天河区	5	0	0	5	0	100.0	0.0	2	4～6	6
东莞市	16	1	1	16	0	100.0	6.3	4	2～8	8
深圳市龙岗区	2	0	0	2	0	100.0	0.0	2	1～4	4
深圳市福田区	28	0	0	28	12	57.1	0.0	14	2～8	8
深圳市福田区	39	0	0	39	10	74.4	0.0	19	4～7	7
深圳市南山区	80	0	0	80	0	100.0	0.0	6	2～4	4
阳江市	115	0	0	115	0	100.0	0.0	20	2～6	6
茂名市	99	1	1	99	10	89.9	1.0	76	3～14	14
化州市	121	1	6	121	0	100.0	0.8	29	2～8	8
湛江市霞山区	126	0	0	126	0	100.0	0.0	83	2～10	10
平均						92.1	0.8			

（一）云南省景洪市和勐腊县的油棕适应性表现

马来西亚的研究和生产实践表明，油棕一般种植后第3年开花结果，其优良品种第3年可产棕果量约为10 t/hm²。云南省勐腊县林业局于2003年11月从马来西亚引进800粒油棕优良品种的种子，在西双版纳进行育苗和造林试验，2005年6月种植，调查发现2008年9月初次开花，其间经历了2008年初的南方冰雪灾害天气（西双版纳最低温达8.9 ℃，持续2天），始花期较马来西亚迟

1 年左右，与西双版纳的有效积温远远低于马来西亚有关。尽管如此，油棕树仍然可以正常生长和开花，花穗饱满，生长良好。2008年 9 月的调查结果表明，三年生油棕植株高 4.22 m，地径 0.45 m，冠幅为 5.05 m，总体长势良好，引种基本成功。

云南省热带作物科学研究所于 2004 年 3—9 月从泰国和马来西亚引进 4 个油棕新品种 T1、T2、T3、M1，植后 2 年初花初果，其间也经历了 2008 年初的南方冰雪灾害天气，但油棕生长发育仍然良好，并且具有一定的产量，其抗寒能力分别为 T1（-4.11 ℃）、T3（-2.90 ℃）、T2（-0.92 ℃）、M1（2.18 ℃）。

（二）云南省双江县和孟连县的油棕适应性表现

云南省双江县（北纬 23°、海拔 1 089 m）和孟连县（北纬 22°、海拔 990 m）属于高纬度和高海拔地区，据相关城市园林绿化部门报道，其所在地区油棕有寒害症状。在双江县，种植在背阳面或缺乏光照的油棕树易遭受寒害，其主要症状为叶片发黄，枪叶枯死，甚至整株死亡，而在向阳面或阳光充足的地方，油棕树寒害不明显。总体来说，油棕还是能够适应双江县的环境。在孟连县种植的油棕树，报道也称油棕略有寒害，表现为叶片发黄。此外，在云南其他地方，即使在高纬度的芒市（北纬 24°、海拔 900 m），也未见有油棕寒害的相关报道，对此，油棕适应该地区的气候环境。

（三）广东省广州市和东莞市的油棕适应性表现

广州市地处低纬度地区，地表接受太阳辐射量较多，同时受季风气候的影响，夏季海洋暖气流形成高温、高湿、多雨的气候，冬季北方大陆冷风形成低温、干燥、少雨的气候。年均气温为 21.4～21.9 ℃，2008 年最低气温 4.3 ℃，强降温天气（10 ℃以下）

自 1 月 25 日起持续 23 天。

东莞市属亚热带季风气候，夏长无冬，日照充足，雨量充沛，温差振幅小，季风明显。年均温为 23.1 ℃，年均降水量为 1 800 ～ 2 000 mm，2008 年最低温为 5.4 ℃，强降温天气（10 ℃以下）自 1 月下旬至 2 月中旬，持续了 25 天。

本次在广州市调查了 4 个地点，其中，在天河区一路段有 5 株油棕，种植于路边绿地上，调查时见下部叶片有寒害症状，但未见寒害死亡植株，其中，2 株柱果数为 4 ～ 6 串，白云区路边绿地上有 5 株油棕，植株下层叶片干枯、破碎、能开花，但未见结果。东莞市有油棕行道树 16 株，茎高 4.5 ～ 5.0 m，有 35 ～ 50 片叶，叶片长 3.5 ～ 4.0 m。大多数植株下部叶片有比较严重的寒害干枯迹象，其中 4 株寒害严重，叶片全部受害，顶芽生长停止或抑制，但受害较轻的植株仍挂有 2 ～ 5 串果穗。扣除严重受害的植株，其他挂果率约为 50%，挂果量为 2 ～ 8 串 / 株，平均果穗重约 3.5 kg/ 串。

（四）广东省茂名和化州市的油棕适应性表现

茂名市地处北回归线以南，属热带亚热带季风气候。年日照时数为 1 560 ～ 2 160 h，日照率在 35.6% 以上，年均气温在 22 ～ 23 ℃，年均降水量为 1 530 ～ 1 770 mm。2008 年最低气温为 5 ～ 8 ℃，强降温天气从 1 月 25 日起持续了 20 天。化州市虽然位于茂名市西南方，但由于流经广西的寒潮等影响，气温往往偏低，年均气温在 19.5 ～ 21.4 ℃，2008 年最低气温为 4.2 ℃，低于 10 ℃的强降温天气（自 1 月 24 日至 2 月 15 日）温度持续了 22 天，因而，寒害也往往比茂名市严重。

在茂名市茂南区，2004 年从海南省澄迈县引进的油棕约 100

株，后经调查存活了 99 株，茎高为 2.5 ~ 4.0 m，约有 25 片叶，叶片长 3.0 ~ 5.0 m，其中仅有 1 株寒害严重，其树冠枯萎落叶，顶芽抽叶生长受阻，多数植株仍可以看到 2008 年强降温留下的轻度寒害症状，如成龄叶片出现部分干枯，新叶片伸长生长受阻，幼果腐坏，但这些植株已在发生寒害当年或翌年恢复正常生长和开花，不过雄花偏多，部分植株有经常淋水等管理，生长较好，结果较多，共有 76 株挂果，占调查总株数的 76.8%，挂果量为 3 ~ 4 串 / 株，其中 4 株挂果量达 10 串以上，1 株挂果量高达 14 串，且果实较为饱满，败育率低，平均果穗重约 6.0 kg/ 串。

2003 年，化州市从海南省澄迈县引种的油棕树共有 121 株，其中有 6 株寒害较为严重（有的在当年或翌年复活），其余大多数植株下层叶片少量干枯，现已恢复正常生长和开花结果，调查时正常结果的植株共计 59 株，其中 29 株挂果，挂果量为 2 ~ 8 串 / 株，平均果穗重约为 6.0 kg/ 串，其中 1 株挂果 8 串，较大的果穗重约为 11.1 kg。

（五）深圳市和湛江市的油棕适应性表现

深圳市位于广州市东南方向 140 km，濒临南海，遭受气象灾害种类多，如热带气旋、暴雨、雷暴、高温、寒冷、大雾等，发生频率高，持续时间长，影响程度深。2008 年 1 月至 2 月，冷空气活动频繁，共出现了 30 天最低气温低于 10 ℃的寒冷天气，2 月 3 日出现了极端最低气温，为 5.3 ℃。从 1 月下旬到 2 月中旬，受冷空气和暖湿气流的共同影响，出现了持续 21 天的低于 10 ℃的寒冷天气，持续时间仅次于 1962 年和 1963 年。同年共有 6 个热带气旋影响深圳，其中有 4 个达到严重影响程度。

深圳市福田区从海南引进 96 株油棕树，经调查，仅见植株下层叶片干枯，碎裂，个别顶芽生长受抑制，虽然植株被修去大部分叶片，但绝大多数植株均能正常生长，多数能正常开花结果，调查时挂果株数为 47 株，占调查总株数的 49.0%，挂果量为 2～8 串 / 株，在深圳南山区靠近海边的道路中间隔离带上，共有 80 株油棕树，此处油棕受大风和低温等因素的多重影响，植株下层叶片干枯、破裂，绝大多数植株生长正常，多数能够正常开花结果，调查时发现挂果株有 6 株，占调查总株数的 8.0%，挂果量为 2～4 串 / 株，最多的一株挂果为 8 串，同时在以上几处还发现有刚坐果的植株，共计 15 株。

湛江市属于亚热带海洋性季风气候，高温，台风侵扰频繁，夏秋多雨，冬春季干旱。年均气温为 23.2 ℃，年均降水量为 1 417～1 802 mm。2008 年遭受 50 年一遇的低温寒害，最低气温分别达到了 5.3 ℃和 4.8 ℃。在深圳，最低气温低于 10 ℃的寒冷天气持续了 21 天，持续时间仅次于 1962 年和 1963 年。在湛江市，自 1 月中下旬开始持续至 2 月中旬，日平均气温为 8.4 ℃，灾害天气持续 32 天，市内的行道树，公园里的多种植物受到不同程度的寒害。

在湛江市霞山区的一块空阔的草坪地上，共种植了 126 株油棕树，调查时仅见植株下层叶片有轻微程度的干枯症状，且大多数能够正常开花结果，其中有 83 株挂果，占调查总株数的 65.9%，挂果量为 2～10 串 / 株，有部分果穗败育，果实腐落。此外，也发现刚坐果的植株为 7 株。

（六）海南省儋州市的油棕适应性表现

中国热带农业科学院橡胶研究所于 1999—2000 年分 2 批从国外引进了 12 个油棕新品种，2 年后在海南儋州热科院试验场建立

了 2 个油棕试种园，总面积 150 亩，经过十多年试种和数据观测，引种取得了初步成功。新一代油棕品种具有早熟、矮生、高产、抗性好及优质等特性，具有巨大的推广应用前景，并筛选出 4 个小规模推广级品种：热油 2、热油 4、热油 6 和热油 8，为下一步种质创新利用和生产性试种提供了物质技术支撑。

（七）广西壮族自治区东兴市的油棕适应性表现

中国热带农业科学院椰子研究所于 2015 年分别从哥斯达黎加、尼日利亚和马来西亚引进了 9 个油棕新品种，长势良好，于 2017 年 8 月将该 9 个品种分别在广西壮族自治区东兴市和云南保山市定值。

试种地设在广西东兴市马路镇火光农场第七队，地处东经 107°53′ ～ 108°15′，北纬 21°31′ ～ 21°44′，海拔 300 m 左右，为峰峦起伏和缓地土岭属南亚热带季风气候区，土壤为海相石英细沙、沙砾和亚黏土所覆盖。全年气候温和湿润，冬短夏长，常年平均气温保持在 23.2 ℃左右，年日照时数在 1 500 h 以上，年平均降水量达到 2 738 mm，是我国著名的多雨区之一。定植后每年对试种的 9 个品种进行了株高、冠幅、叶片数等方面的观测与记录，其中 6 号和 8 号生长状况表现较好，表 4-4 为 2019 年的观测结果。

表 4-4　广西东兴油棕试种点观测结果

项目	1 号	2 号	3 号	4 号	5 号	6 号	7 号	8 号	9 号
自然高度（m）	1.6	1.5	1.6	1.5	1.9	2.0	1.8	2.4	1.7
冠幅（东西）（m）	1.9	1.5	1.7	1.7	2.1	2.3	1.7	2.8	1.8
冠幅（南北）（m）	2.1	1.7	1.6	1.7	2.0	2.2	1.8	2.8	1.9

续表

项目	1号	2号	3号	4号	5号	6号	7号	8号	9号
茎高（cm）	27.3	16.3	20.3	21.3	25.7	41.0	18.7	55.3	28.0
叶片总数	19.0	11.0	14.3	12.0	17.3	16.3	15.7	20.0	12.3
叶片长度（cm）	117.0	113.0	133.7	152.0	161.7	183.3	130.0	202.8	153.8
叶柄厚（cm）	1.1	1.1	1.2	1.4	1.3	1.4	1.3	1.9	1.2
叶柄宽（cm）	1.9	1.6	1.9	1.9	1.9	2.1	1.6	2.6	1.8
小叶长（cm）	32.7	30.5	35.2	39.8	40.0	45.8	33.7	45.5	37.3
小叶宽（cm）	3.4	2.5	2.7	2.6	2.7	3.2	3.0	3.0	3.1
小叶对数（对）	39.3	44.0	40.3	40.0	47.0	51.0	45.3	61.3	41.3
新增叶数（片）	5.3	2.7	5.3	5.0	5.7	6.3	5.0	7.3	4.3

注：种植时间 2017 年 8 月，观测时间 2019 年 5 月；新增叶数为 6 个月的时间。

（八）云南省保山市的油棕适应性表现

试种地设在云南省农科院热经所上金坑科研试验基地内，位于保山市隆阳区潞江镇怒江西岸，地处北纬 24°57′58″，东经 98°53′05″，海拔 690 m。属低纬度准热带季风雨林偏干热河谷过渡类型气候，年平均气温 21.5 ℃，年平均降水量 755.3 mm，绝对最高温 40.4 ℃，绝对最低温 0.2 ℃，全年基本无霜。土壤为冲积母质发育的沙壤土，pH 值 6.5，阳离子交换量 0.6，氮 0.059%，磷 0.032%，钾 2.35%，有机质 7.36 g/kg。

每年对试种的 9 个品种进行了株高、冠幅、叶片数等方面的观测与记载，其中 6 号、8 号和 1 号的生长性状表现较好，6 号和 4 号品种已开花结果。目前整体长势较好。其中 2019 年的观测结果如表 4-5 所示。

表 4-5　云南保山油棕试种点观测结果

项目	1号	2号	3号	4号	5号	6号	7号	8号	9号
自然高度（m）	2.3	1.7	2.1	2.2	2.5	3.2	2.7	2.9	2.3
冠幅（东西）（m）	2.8	1.8	3.0	2.8	2.4	3.2	3.3	2.7	2.5
冠幅（南北）（m）	2.7	1.7	2.9	2.9	2.4	3.3	3.4	2.8	2.6
茎高（cm）	36.7	20.5	28.3	31.3	32.2	40.6	45.3	50.2	38.3
叶片总数（片）	23.3	13.2	18.3	20.1	19.0	23.6	23.4	20.8	18.3
叶片长度（cm）	238.0	135.6	211.3	230.2	213.0	213.2	205.1	268.7	214.4
叶柄厚（cm）	2.1	1.5	2.1	2.3	2.5	1.9	2.1	2.3	2.0
叶柄宽（cm）	2.4	2.1	3.0	3.2	2.8	2.9	3.3	2.7	2.8
小叶长（cm）	53.0	42.7	52.8	53.6	48.0	52.6	50.1	49.5	42.7
小叶宽（cm）	5.3	2.9	3.6	3.4	3.4	3.9	3.8	3.5	3.1
小叶对数（对/片）	74.0	57.3	70.8	72.7	53.8	72.5	70.8	68.4	53.5
新增叶数[片/（株·年）]	10.7	8.5	10.9	12.4	11.9	12.6	11.5	13.7	12.4

注：种植时间 2017 年 4 月，观测时间 2019 年 12 月；新增叶数为 12 个月的时间。

（九）广东省江门市的油棕适应性表现

中国热带农业科学院广州实验站于 2012 年从中国热带农业科学院橡胶研究所引种 10 个油棕新品种（热油 31～热油 40）到广东江门试种，在经历了 2012 年冬季低温寒害后，于 2013 年 4 月进行了大田寒害调查，结果表明，油棕能在江门地区顺利过冬，其中热油 31、热油 39 和热油 40 的抗寒性较强。

第三节　适合我国栽培油棕资源或品种的筛选

通过调研和观测的 2 万多株油棕，在经历了强降温天气之后，有部分油棕单株的农艺性状表现突出，如挂果特别多，能在低温季节开花结果等，这些单株在今后的科研和生产上具有重要的应用价值。

一、在强降温天气过程中几乎未出现寒害症状的单株

在 2008 年强降温天气过程中，有部分单株几乎没有寒害症状，而且在 2009 年（寒害后第 2 年）结果最多（注：油棕花芽分化需要 2 年时间，果实成熟需要半年时间，因此这些果实的花芽分化期经历了 2008 年强降温天气过程）。这些单株分布于广东省茂名市区、广东省化州市。

此外，在云南省热区较高维度、高海拔地区也往往发生辐射降温，导致一些作物发生辐射寒害。调研结果表明，在北纬 24° 区间云南省德宏州潞江镇和北纬 23° 区间云南双江县上，在光照充足的地方，油棕树不但没有寒害，而且能正常开花结果，甚至少量植株挂果累累。

这些表明，现有的油棕种质资源中有部分能够忍耐强降温，包括平流型降温和辐射型降温。

二、在低温季节开花结果的单株

随着纬度上升，气温逐步下降，有效积温逐渐减少，尤其在冬季，一些热带作物的营养生长和生殖生长因热量不足趋于减慢或停

止，甚至出现干枯等伤害症状。油棕是典型的热带作物，对有效积温要求较高。调查发现，在北纬 22° ～ 24° 区间，如位于北纬 23° 区间的云南省双江县、广东省东莞市，位于北纬 22° 区间云南省热带作物科学研究所和广东省深圳市以及位于北纬 21° 期间的湛江市霞山区等地，分别有部分油棕单株在调查时正在开花或刚坐果。而调查时仍处于冬季低温季节，在调查期间气温曾一度下降至约 5 ℃。这表明在现有的油棕居群中，存在少数具有较强的低温适应能力单株，对有效积温要求较低，能在当地环境条件下全年开花结果，这就意味着这些优异单株具有很大的高产潜力。

三、高纬度试种地区正常开花结果的单株

分别对海南文昌、云南保山、广西东兴 3 个试种点的 9 个油棕品种的种植生长性状、结果性状和果穗性状等进行了调查与观测，结果表明：不同品种在不同区域的生长性状表现有点差异，目前海南省文昌市试种区的 1 号、4 号和 6 号品种长势和结果情况较好（表 4-6）；云南保山试种区的 1 号、4 号和 6 号品种的开花结果和整体长势较好（表 4-7）；广西东兴试种点 1 号、6 号和 9 号（表 4-8）。综合 3 个试种点的观测结果，目前以 1 号和 6 号的生长性状表现较好。在油棕品种区域试验期间，文昌地区月平均最低温度为 13 ℃的仅在 2013 年 12 月出现过，月最低温为 8 ℃仅在 2016 年 1 月出现过，冬春季低于 13 ℃持续时间均较短。寒害对文昌地区试种油棕的影响主要表现为油棕树出现老叶干枯症状，少量油棕树的心叶干枯，新叶抽出缓慢，授粉不良，果穗减少。

表4-6　海南文昌油棕观测结果

项目	1号	4号	6号
自然高度（m）	4.78	4.50	4.64
平均冠幅（m）	6.01	6.28	6.58
茎高（cm）	97.0	99.2	112.4
叶片总数（片）	41.0	35.6	36.2
叶片长度（cm）	355.6	378.0	405.2
叶柄厚（cm）	2.6	2.6	2.7
叶柄宽（cm）	3.8	4.4	4.2
叶柄长（cm）	66.6	60.6	72.8
叶轴长（cm）	265.6	298.0	293.6
小叶长（cm）	69.2	63.4	66.8
小叶宽（cm）	5.0	3.6	4.0
小叶对数（对/片）	80.0	118.2	103.8
新增叶数［片/（株·年）］	18.2	18.0	19.6
果实纵径（mm）	33.12	38.83	38.15
果实横径（mm）	19.14	24.96	26.24
果肉厚（mm）	4.69	5.99	6.40
壳果纵径（mm）	20.95	20.85	18.73
壳果横径（mm）	14.93	14.70	13.38
果壳厚（mm）	1.38	1.60	1.68
果仁纵径（mm）	12.29	13.55	12.91
果穗长（cm）	21.88	21.75	21.77
果穗宽（cm）	17.53	18.10	17.97
果穗厚（cm）	15.30	15.52	15.57
果穗重（kg/串）	1.37	1.69	1.23
果实重（kg/串）	0.73	1.02	0.60
果数（粒/串）	201.80	128.83	66.33

续表

项目	1 号	4 号	6 号
单果重（g/ 粒）	3.66	7.75	9.06
果实 / 果穗	0.52	0.55	0.49
果仁横径（mm）	10.83	10.84	10.48

表 4-7　云南保山油棕观测结果

项目	1 号	4 号	6 号
自然高度（m）	4.24	3.46	4.11
冠幅（东西）（m）	5.05	4.68	4.92
冠幅（南北）（m）	4.90	4.58	5.08
茎高（cm）	94.00	63.60	77.20
叶片总数（片）	25.00	20.60	23.20
叶片长度（cm）	302.40	290.00	329.8
叶柄厚（cm）	2.98	2.42	2.28
叶柄宽（cm）	3.84	3.40	3.60
小叶长（cm）	64.00	49.00	60.20
小叶宽（cm）	4.12	2.84	3.56
小叶对数（对 / 片）	68.60	76.00	78.20
新增叶数［片 /（株·年）］	9.60	6.20	9.00

表 4-8　广西东兴油棕观测结果

项目	1 号	6 号	9 号
自然高度（m）	3.49	3.23	3.88
冠幅（东西）（m）	4.05	4.47	5.24
冠幅（南北）（m）	4.14	5.2	5.46
茎高（cm）	79.33	69.67	76.33
叶片总数（片）	44.67	47.0	45.00

续表

项目	1号	6号	9号
叶片长度（cm）	329.0	341.33	355.33
叶柄长（cm）	65.25	59.17	60.00
叶柄厚（cm）	2.57	2.44	2.63
叶柄宽（cm）	3.72	3.72	4.25
叶轴长（cm）	2.62	3.05	3.25
小叶长（cm）	59.33	60.67	63.33
小叶宽（cm）	5.13	4.67	4.37
小叶对数（对/片）	98.33	85.67	97.00

参 考 文 献

曹红星，黄汉驹，雷新涛，等，2014. 不同低温处理对油棕叶片解剖结构的影响 [J]. 热带作物学报，35(3)：454-459.

曹红星，雷新涛，刘艳菊，等，2015. 不同来源地油棕种质资源耐寒适应性初步研究 [J]. 西南农业学报，28(5)：1916-1919.

曹红星，孙程旭，冯美利，等，2011. 低温胁迫对海南本地种油棕幼苗的生理生化响应 [J]. 西南农业学报，24(4)：1282-1285.

曹红星，张大鹏，王家亮，等，2014. 低温对油棕可溶性糖转运分配的影响 [J]. 西南农业学报，27(2)：591-594.

曹建华，李晓波，林位夫，等，2009. 12个油棕新品种大田栽培抗逆性调查初报 [J]. 热带农业科学，29(2)：1-6.

曹建华，林位夫，谢贵水，等，2012. 12个油棕新品种主要性状鉴定评价研究 [J]. 热带作物学报，33(8)：1359-1365.

曾宪海, 焦云飞, 廖子荣, 等, 2018. 广东不同地区引种油棕叶片解剖结构对油棕抗寒力的影响 [J]. 广东农业科学, 45(8): 50-58.

曾宪海, 李炜芳, 刘钊, 等, 2014. 我国油棕抗逆栽培研究现状与动态 [J]. 产业发展 (5): 24-29.

曾宪海, 张希财, 邹积鑫, 2015. 中国热带北缘油棕种植生产潜力研究 [M]. 北京: 中国农业科学技术出版社.

程秋如, 刘子凡, 曾宪海, 等, 2020. 油棕抗寒性研究进展 [J]. 热带农业科学, 40(9): 50-56.

李静, 陈秀龙, 李志阳, 等, 2013. 低温胁迫对 10 个油棕新品种生理生化特性的影响 [J]. 华南农业大学学报, 34(1): 62-66.

李静, 陈秀龙, 马帅鹏, 等, 2013. 2012 年广东江门油棕寒害调查及品种抗寒性分析 [J]. 农学学报, 3(11): 1-4.

李艳, 刘立云, 唐龙祥, 2009. 油棕不同叶序的叶片长宽及其含水量变化规律研究 [J]. 中国农学通报, 25(22): 122-124.

林良勋, 吴乃庚, 蔡安安, 等, 2009. 广东 2008 年低温雨雪冰冻灾害及气象应激响应 [J]. 气象, 35(5): 26-33.

林位夫, 曾宪海, 张希才, 2010. 中国油棕种植利用现状及其发展前景分析 [M]. 北京: 中国农业科学技术出版社.

刘洋洁, 1998. 世界油棕生产的地理扩散和发展布局 [J]. 山西师大学报, 12(1): 68-72.

陆明金, 魏定耀, 许建流, 1981. 海南岛油棕生产调查及今后发展意见 [J]. 热带农业科学, 6: 78-83.

倪书邦, 刘世红, 魏丽萍, 2012. 西双版纳新引油棕品种抗寒性鉴定及抗氧化系统研究 [J]. 云南农业大学学报 (自然科学), 27(1): 44-48.

阮志平, 廖启科, 丁印龙, 2007. 4种棕榈科植物在厦门越冬的生理指标比较 [J]. 浙江林学院学报, 24(1)：115-118.

阮志平, 向平, 李振基, 2008. 布迪椰子、沼地棕和油棕的耐寒性研究 [J]. 北京林业大学学报, 30(4)：77-81.

施慧琼, 许树培, 李志芳, 等, 2006. 观赏油棕的栽培 [J]. 热带农业科学, 26(4)：34-35.

孙程旭, 雷新涛, 曹红星, 等, 2011. 不同树龄油棕光合特性及影响因子研究 [J]. 西南农业学报, 24(2)：541-545.

王荣富, 1987. 植物抗寒指标的种类及其应用 [J]. 植物生理学通讯(3)：49-55.

熊朝阳, 2010. 西双版纳油棕引种试验初报 [J]. 热带农业科技, 33(1)：36-38.

张林辉, 刘光华, 娄予强, 等, 2011. 云南油棕引种研究现状及发展前景 [J]. 中国热带农业 (4)：30-31.

NOORHARIZA M, RAJINDER S, ROZANA R, et al., 2012. *Elaeis guineensis* genomic-SSR markers：exploitation in oil palm germplasm diversity and cross-amplification in arecaceae[J]. International Journal of Molecular Sciences, 13(4)：4069-4088.

PARVEEZ G, BAHARIAH B, 2012. Biolistic-mediated production of transgenic oil palm[J]. Methods in Molecular Biology, 847：163-175.

TARMIZI A H, MARZIAH M, 2000. Studies towards understanding proline accumulation in oil palm (*Elaeis guineensis* Jacq.) polyemberyo genic cultures[J]. Journal of Oil Palm Research, 12：8-13.

第五章　油棕抗寒研究中存在的
问题及展望

第一节　油棕抗寒研究中存在的问题

我国适宜种植油棕的区域主要分布在海南、云南和广西。更高维度的地区由于每年都会发生低温寒害，影响油棕产量及油棕树的经济寿命，特别是大寒入侵时，油棕会遭受毁灭性的破坏。因此，低温寒害是扩展我国油棕种植范围和限制我国油棕产业发展的主要原因之一，为加快发展我国的油棕产业，油棕抗寒研究工作迫在眉睫。

中国热带农业科学院椰子研究所的科研工作者经过多年的研究，在油棕抗寒方面取得了一定的研究成果，如曹红星等通过对盆栽油棕幼苗进行低温处理，并考察其生理生化特征的变化，结果发现，低温胁迫抑制了油棕幼苗的生长，且随着胁迫时间的延长，其相对电导率、伤害指数、丙二醛和脯氨酸等含量均有不同程度的升高，超氧化物歧化酶和过氧化物酶活性开始升高，后随着胁迫时间的延长而下降。刘艳菊等考察了外源脱落酸对在低温胁迫下油棕幼苗生理的影响，结果发现，喷施脱落酸可提高油棕幼苗的抗寒能力。肖勇等通过比较转录组测序与分析，发现油棕在低温胁迫下有

11 579 个基因的表达有不同程度的上调，同时有 2 246 个基因的表达受到了抑制，其中参与代谢、分子转运等过程的相关基因表达增强，转录因子 *AP2*、*NAC*、*bZIP*、*Homedomain* 和 *WRKY* 家族的基因的表达明显上调，说明在低温胁迫下，生命过程发生了剧烈的变化。夏薇等研究发现，油棕存在着不同于温带植物的 *CBF* 介导的低温应答机制，长期的热带环境适应使部分油棕的 *COR* 基因的启动子产生变异，并失去了相应的功能，该研究丰富了低温应答的分子调控的理论基础，为耐寒油棕品种的选育提供依据。但相关的抗寒分子机理仍不是十分明确，如植物如何感受低温信号并作出相应还没明确的解释，而且主要的生理过程之间的关系分析也仅限于少数物种的探讨。国内的相关研究更是多侧重于选择抗寒指标对油棕的抗寒性进行评价，对油棕抗寒机理及相关生理过程仍有待深入。

一、产业基础薄弱

目前，抗寒种质资源开发利用不足，中国热区地理环境差异显著，拥有丰富多样的热带作物抗寒种质资源，但目前对油棕抗寒种质资源的收集、保存、研究和合理开发利用不足，应进一步加大此方面的研究力度。此外，我国油棕的生产尚未规模化，需要引导建立完善的油棕产业链，支持国家粮油安全战略。

二、油棕引种成活率低

我国油棕产业面临的第 2 个问题是油棕引种的成活率较低。油棕种植时，很多苗木未经筛选，苗木质量较差，所以要重视选苗。要选建壮苗，干粗在 50 ～ 70 cm，植株的自然高度在 5 m 以下，

干粗和株高比例要恰当，植株过高或过于纤弱的不宜采用。同时，应将植株栽于空间宽阔的地方，保证充足的营养，移植时间应选在春末和夏季多雨期间，因为油棕是热带树种，这两个季节雨水较多，不仅易于成活，而且便于管理，可减少经济损失，并可达到极佳的生长效果。

三、抗寒育种技术单一，周期长

目前，国内培育的绝大多数物种抗寒品种都是通过大量的有性杂交和数十年的培育和筛选得到的，满足不了品种更新换代的需求。油棕抗寒育种相关的遗传信息不够完善，理论研究相对滞后，能被育种直接应用的抗寒种质资源信息非常匮乏，还有待丰富和深入挖掘。

四、油棕种植管理欠缺

油棕种植后还要注意肥水管理，有机肥与无机肥料要配合施用，在较为干旱和寒冷的季节注意灌水，提高土壤的热容量和导热率，保证其安全越冬。研究发现，冷锻炼可以增强细胞膜的稳定性，降低细胞的含水量，从而降低细胞叶片的代谢活性，提高植物对低温胁迫的耐受性，避免代谢紊乱，增强植物的抗寒性。我国油棕的病害主要有萎蔫病、苗疫病、果腐病，虫害主要有刺蛾和红脉穗螟等。在东南亚，二疣犀甲为害油棕幼龄植株造成较大经济损失。中美洲和南美洲，棕榈象甲幼虫直接为害植株。病虫害对油棕树木影响很大，影响其正常生长，甚至会导致其死亡。

五、油棕引种和品种选育单一，科研与开发相对较弱

我国栽培的油棕品种主要是早期从国外引进的杜拉、日里杜拉等杂交的厚壳型品种，种植后代容易分离、出油率不高，不能很好地适应我国的气候环境。因此，今后应引种具有特异性状的资源和品种，如矮化、抗风、抗寒、速生和高产优质品种等。同时还应加强油棕的育种方法，用诱导法、分离法、杂交法、杂种优势及生物技术法等来选育具有自主产权的、更适合我国种植的油棕新品种，丰富市场供应，研究引进消化常新栽培新技术，降低消耗，提高油棕产量、品质和生产效率，加快新品种、新技术的推广力度，加大对油棕的研究广度和深度，使之尽快转化为生产力。

六、信息与技术较落后

我国油棕的种植现状是重种轻管，栽培措施不当，有些地区油棕长期荒芜，普遍生长不良而被淘汰，缺乏科学知识与技术，管理措施不当，存在砍叶过多，施肥较少，增产不显著等问题。因此，应加强同油棕研究较先进的国家的交流与合作，如马来西亚、印度尼西亚、尼日利亚、泰国等，这些国家都是油棕的主产国，对油棕的栽培和管理技术及其综合利用等都有较深的研究，需要开展合作研究，资源和信息共享。

七、油棕产业种、产、加工、运输、销售脱节

大力发展我国棕油产业，实现产业一体化是我们要努力实现的目标。棕油在世界植物油生产中占有越来越重要的地位。1980年，世界棕油产量为461.9万 t，占世界 17 种油脂总产量的 8.10%；

1997 年，世界棕油产量为 1 095.3 万 t，占世界 17 种油脂总产量的 17.56%；到了 2000 年，世界棕油为 3 500 万 t，是世界脂肪族醇生产量的 22%。我国的棕油生产还在起步阶段，而且栽培与加工生产脱节。据报道，油棕果实中脂肪酶的活性很高，采收后 24 h 内必须送往加工厂加工，以防止脂肪酸被氧化而酸价增高导致的油品质量降低。

因此，以棕油业为龙头，在种植园附近建立加工厂，逐步实现油棕种植、生产、加工、运输、销售等一体化战略，带动油棕的种植、管理及相关产业，这对发展我国热带地区如海南省等的经济具有深远的意义。

八、学科人才队伍建设相对薄弱

目前，相对其他作物，我国从事油棕研究的专业人员较少，学科队伍团结协作意识不强，学术带头人稀缺及后备学科带头人储备不足。因此，要多鼓励、支持学科建设的国内外合作、产学研合作及科学研究、学术交流，加强交叉学科的融合，实现资源共享、优势互补，联合培养和发展研究生教育等，通过广泛开展国内外合作与交流，促进学科建设、人才培养和科学研究。

九、研究手段具有局限性

目前植物抗寒生理过程的研究多集中于少数模式物种如拟南芥及部分农作物，其机理的普适性仍需要进一步研究探讨。目前很多研究采用人工气候室来模拟低温胁迫，这种方法虽然可以很好地指示单一胁迫对油棕的影响，但是用其来推断野外试验结果仍有很大的局限性，甚至有时控制试验与野外试验的结果相互矛盾，所以未来油棕的抗寒性研究应多结合野外试验来进行。针对制约我国油棕产业发展的关键技术瓶颈，明确任务分工，集中力量攻关，并在项目申报、经费投入和制度保障等方面给予稳定支持和倾斜。针对我国油棕产业发展的技术需求，确立学科研究方向，重点开展油棕抗寒高产育种、油棕高产高效安全栽培技术研究等，形成稳定的具有特色的学科体系，以期在较短时间内提升我国油棕科研水平，为我国油棕产业可持续发展提供技术支撑。

第二节　油棕抗寒育种前沿技术展望

一、系统化研究油棕抗寒机制是油棕抗寒育种的基础

植物抗寒性是一种积累性、多基因控制的性状，由多种特异的抗寒基因控制。目前，虽然对油棕在抗寒生理的研究上取得了良好的成绩，如对膜系统、水分、酶等生理指标与抗寒性的关系进行了研究，并确定了一定的关系，但都是零碎的个别关系，没有系统化，无代表性。因此，我们应深入对油棕抗寒生理指标做系统的测定分析，如细胞结构、水分、营养元素、光合生理、呼吸生理、植物生长发育、糖代谢、脂肪代谢、蛋白质代谢与抗寒性的关系。通过相关分析、主成分分析，找到与油棕抗寒性密切相关且灵敏的生理指标，来指导抗寒育种工作的顺利进行。

二、抗寒基因资源发掘是油棕抗寒育种的核心

依靠国外引种不能支撑我国油棕产业的可持续发展。由于油棕是异花授粉作物，单株产量变异较大，开展生态型选种非常必要。

目前散落于我国热区各地的油棕种质资源中蕴藏着丰富的优异基因，其中具有抗寒性状的优异基因资源，这是我国油棕产业持续发展的坚实基础和巨大的潜在优势。如何将我国热区现有优异基因资源的潜在优势变为现实优势，是目前迫切需要关注的一个重要研究领域。应在分子水平或基因组水平开展现有地方油棕优异基因资源发掘研究，对与油棕抗寒相关的重要基因进行克隆、测序、定位及功能鉴定，以获得最基本的生物遗传信息，发掘重要功能基因，促进对油棕抗寒性状遗传机理的综合了解，为我国油棕抗寒基因资源研究和遗传改良奠定坚实的理论基础，获得具有自主知识产权的功能性新基因，最终全面推动油棕抗寒方面的研究。

三、分子育种与传统育种技术的有机结合是油棕抗寒育种的重要途径

从油棕抗寒育种研究的历史与现状来看，育种方法仅限于常规方法育种，如引种试种、杂交育种，这些方法较为传统、费时，且杂交育种操作不方便，使目前的油棕种植产业一直处于较为缓慢的发展状态，所以急需采用一些新的育种技术方法，同时借鉴其他植物在抗寒研究方面取得的最新进展，用于油棕的抗寒育种研究。随着植物基因组学的迅猛发展，给植物重要形状基因定位与诊断、分子标记辅助育种技术带来技术和研究方法的更新。分子育种克服了常规育种方法周期长、预见性差、准确率低的局限性，提高了选择效率，从而加快了育种进程，使品种快速定向培育初步成为现实。随着计算机技术、各种高通量、自动化标记分析仪器的普及使用，分子育种技术也日趋实用化。将传统育种与分子育种技术相结合是

今后油棕育种的重要途径。

以往的标记选择都是利用与目标基因连锁的分子标记对基因进行选择。随着植物基因组学研究的发展，基因表达序列（EST）及全长 cDNA 数量的迅速猛涨，成为开发新型分子标记（SSR、SNP 等）的宝贵资源。这类分子标记不仅具有数目多、适用于高通量检测等优点，而且标记来自基因序列，对标记的选择就是对基因进行直接选择。此外，因不同植物基因结构上的保守性，从一种植物上获得的标记也可用于其他植物，从而大大促进了比较基因组学与分子标记的有机结合。目前，我国在 EST-SSR 分子开发及应用方面取得了一定的进展，未来油棕种质资源遗传多样性评价、群体结构分析及抗寒分子标记的开发方面发挥重要的作用。

四、科技人才队伍建设是油棕抗寒育种的保障

人才队伍是学科建设的核心，应不断完善学科队伍结构，培养和稳定现有人才队伍，加强导师队伍建设，积极培养和引进具有创新精神的学科带头人和学术骨干。

建设人才队伍，首先，要突破传统的"以专业为本"的人才观，树立"以创新能力为核心"的人才观，要与时俱进，树立开放共赢、资源共享的人才工作理念。其次，在培养过程中，不仅要注重创新性人才的国内外交流与合作，还要加强其在实践中的锻炼，不仅要加快高层次领军人才的培养，还要重视青年队伍的开发与建设，形成人才辈出的良好局面。此外，农业科研院所必须加强与政府机构、大型企业、高等院校等相关单位之间的密切合作，建立多种形式的产学研联合体，搭建更多、更好的科技创新平台，给创新

油棕抗寒研究

型人才提供更广阔的创业机会、干事舞台、发展空间，使他们的积极性、主动性、创造性得到最大发挥，最终实现人尽其才，才尽其用。最后，创新文化的核心就是激励探索、提倡实践、鼓励敢为人先、包容个性、张扬创新、宽容失败。农业科研所应通过加大对创新型优秀人才的激励和表彰力度来树立典型，充分发挥榜样的作用，做好创新型优秀人才的引导工作。良好创新氛围的营造，也离不开学术交流，所以其作用不可忽视。农业科研所还要通过定期、定主题、不定形式的精心组织和参加中外学术交流会的形式，不断激发创新型人才的创新热情，营造融洽和谐的创新氛围，轻松愉快的思考环境。

五、完善高效的平台建设是油棕抗寒育种的重要支撑

我国油棕抗寒研究的目标是培育适合我国热区环境条件的油棕新材料，而完善和建立包括油棕种质资源圃、油棕杂交育种与评价基地、油棕无性繁育基地等在内的平台建设则是支撑油棕抗寒研究的物质基础。此外，建立在高通量、低成本的分子标记与基因鉴定技术、经济高效的分子抗寒体系及转基因新技术和方法等基础上的实验室，在人员、设备等方面也应该不断更新完善。目前，我国油棕抗寒研究力量小且分散，研究内容处于无序竞争和简单重复的状态，相关的科技人员各自为战，在小规模地进行实验性研究，有限的人力、物力资源不能得到优化配置，难以形成突破性的重大成果。因此，急需建设和完善油棕研究平台，形成从事油棕抗寒研究工作全国协作网，为大规模开展油棕抗寒研究提供坚实的设施和技术平台。

第三节　油棕抗寒研究前景展望

　　鉴于多数热带作物抗寒相关分子机制的研究尚属起步阶段，因此未来开展油棕抗寒育种及分子机制研究的重点方向如下。

一、CRISPR 基因编辑技术研究实现油棕分子设计育种

　　科技支撑农业发展的主要途径之一是通过育种技术的创新提高作物育种效率。由于油棕基因组杂合度高、遗传背景复杂、童期长等特性，导致通过传统育种方法进行遗传改良的周期长、效率低、难度大；急需研发定点定向改良目标性状的精准育种技术，以加快果树种质创新和品种改良的进程。近年来，基因编辑技术，特别是 CRISPR/Cas 技术的快速发展与应用，为油棕目标性状的精准改良提供了有力的技术支持。

　　CRISPR/Cas 技术利用具有核酸内切酶功能的 Cas 蛋白以及具有特异性识别目标 DNA 序列并引导 Cas 核酸酶进行剪切的 sgRNA，在基因组特定位置对双链 DNA 进行剪切，进而激活细胞自身的修复机制来实现基因敲除等定向改造（图 5-1）。通过对 Cas 基因及其他组件的优化，目前，CRISPR/Cas 技术已能够特异性地在目标位点产生碱基缺失 / 插入 / 替换、DNA 片段敲除 / 插入 / 替换、基因沉默 / 激活、RNA 检测 / 切割等多种不同编辑方式，并能够对多个位点同时进行编辑。与同类其他技术相比，CRISPR/Cas 技术具有精准、高效、简便、成本低等特点。自该技术 2012 年首次系统发布以来，已两次被《Science》杂志评为全球年度十大重要科学突破，成为生命科学研究中应用最广泛、研发最热门的前沿。

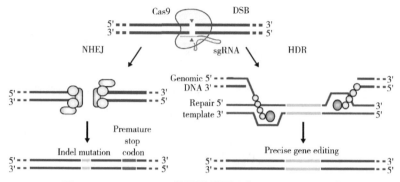

图 5-1　CRISPR/Cas 基因编辑原理（Ran et al., 2013）

CRISPR/Cas 基因编辑系统介导目标基因 DNA 双链断裂，随后 DNA 双链可以通过两种方式修复。在易出错的 NHEJ 途径中，DNA 断裂末端被内源性 DNA 修复机制处理并重新连接，这可能导致连接处的随机碱基插入缺失突变，该类型突变可导致移码突变或和终止密码子的产生，从而导致基因敲除。另外，当实验中提供了质粒或修复模板，可利用 HDR 途径进行高保真度的重组修复，进行基因敲入。

与传统杂交或突变育种技术相比，CRISPR/Cas 基因编辑技术优势明显。传统杂交育种周期长、效率低；突变育种技术非特异性地使整个基因组产生变异，在此过程中有育种价值的突变频率较低，盲目性大。CRISPR/Cas 技术仅对特定的靶向基因进行定点定向编辑，实现目标性状的精准改良。

与传统转基因技术相比，CRISPR/Cas 技术同样优势明显。首先，通过特异位点的剪切和修复，CRISPR/Cas 技术可以实现外源DNA 序列的定点插入，显著减少了传统转基因方法由于随机插入所带来的安全风险。并且，CRISPR/Cas 编辑能够通过单个或少数几个碱基的增减 / 替换实现基因突变，与天然突变和人工诱变获得的遗传材料相类似。此外，由于其组件在目标基因组上的整合位点与靶基因位点通常不在同一染色体上，可以通过有性自交 / 回交等方式在后代中获得无转基因痕迹的遗传材料。美国等已针对基因编辑技术产品实施新的政策，认为不含有外源基因的基因编辑技术产品即不属于转基因产品的范畴，与常规作物产品"实质等同"，不需要进行审批管理，可直接用于种植和销售。因此，与转基因作物相比，CRISPR/Cas 编辑作物在商业化过程中花费的时间和成本较低，利用 CRISPR/Cas 技术进行育种具有广阔的前景。目前，CRISPR/Cas 技术已成功应用于水稻、玉米、小麦等多种农作物和番茄、草莓、香蕉、柑橘、猕猴桃、葡萄、苹果、双孢菇等多种园艺作物的基因编辑研究（表 5-1）。

表 5-1　CRISPR/Cas 基因编辑技术在作物中的应用（时欢等，2018）

物种	Cas9 核酸酶		gRNA		突变效率（%）	转化材料或方法	是否得到成株
	密码子是否优化	启动子	启动子	靶基因			
拟南芥	是	CaMV35S	AtU6	*AtPDS3 AtFLS2 AtRACK1b/1c*	5.6～7.7	原生质体	否
	是	CaMV35S	AtU6-26	*GFP*	20	叶片	否
	是	PcUbi4-2	AtU6-26	*TT4 ADH1*	2.5～70	植株	否
	是	AtUBQ	AtU6	*CHLI1 CHLI2 AtTT4*	50～89	电穿孔法	是
	是	CaMV35S	U6	*GFP*	37～95	浸花法	是
	是	PcUbi4-2	AtU6-26	*ADH1*	12.7～17.3	浸花法	是
	是	2×CaMV35S	AtU6-26	*BRI1 JAZ1 GAI*	47.1～84.2	浸花法	是
	是	2×CaMV35S	AtU6	*TRY CPC ETC2 CHLI1/2*	38～72	浸花法	是
	否	ICU2	U6	*FT*	—	浸花法	是
	否	AtUBQ1	AtU6-26	*Genomic DNA*	—	浸花法	是

油棕抗寒研究

续表

| 物种 | Cas9 核酸酶 | | gRNA | | 突变效率（%） | 转化材料或方法 | 是否得到成株 |
	密码子是否优化	启动子	启动子	靶基因			
烟草	是	CaMV35S	AtU6-26	*GFP*	—	叶片	否
	是	CaMV35S	AtU6	*NbPDS*	37.7～38.5	原生质体、叶片	否
	是	2×CaMV35S	AtU6-26	*NtPDS NtPDR6*	16.2～20.3	叶片	否
	否	CaMV35S	AtU6	*NbPDS*	1.8～2.4	叶片	否
	否	CaMV35S	CaMV35S	*NbPDS*	12.7～13.8	叶片	否
大豆	是	CaMV35S	AtU6-26 GmU6-10	*glyma06g14180* *glyma08g02290* *glyma12g37050*	3.2～20.2	原生质体、毛状根	否
	是	2×CaMV35S	MtU6	*miR1514* *miR1509* *Glyma01g38150* *Glyma07g14530* *01g+11gDDM*1 *Glyma11g07220*	8.9～95	毛状根	否
	是	Ubi	AtU6	*GmFEI*1/2 *GmSHR*	—	子叶结	否
马铃薯	是	2×CaMV35S	StU6	*StIAA2*	—	茎	是
番茄	是	CaMV35S	AtU6	*mGFP5/eGFP* *S1SHR*	—	子叶	否
	否	CaMV35S	AtU6	*SlAGO7* *Solyc08g041770* *solyc11g064850* *Solyc07g021170* *Solyc12g044760*	48～75	子叶	否

物种	Cas9 核酸酶		gRNA		突变效率（%）	转化材料或方法	是否得到成株
	密码子是否优化	启动子	启动子	靶基因			
水稻	是	2×CaMV35S	OsU3	*OsPDS OsMPK2*	14.5～38	原生质体	是
	是	2×CaMV35S	OsU3	*OsBADH2 Os02g23823*	9.4～26	原生质体	是
	是	ZmUbi	OsU3	*DGU.US CAO1 LAZY*1	83.3～91.6	原生质体	是
	是	2×CaMV35S	U6-26	*OsBEL*	2.1～15.6	原生质体	是
	是	OsUBQ，CaMV35S	OsU6	*OsMYB*1	50	原生质体	是
	是	2×CaMV35S	OsU6-2	*ROC5 SPP YSA*	4.8～75	愈伤组织	是
	否	Ubi	U3	*LOC_Os10g05490*	76.5	愈伤组织	否
	是	CaMV35S	OsU6	*OsSWEET*11	91	原生质体	否
	是	CaMV35S	U3 U6	*OsMPK5*	3～8	原生质体	否
小麦	是	2×CaMV35S	TaU6	*TaMLO*	28.5	原生质体	否
	否	CaMV35S	CaMV35S	*Inox PDS*	1.2～22.3	悬浮细胞	否
	否	2×CaMV35S	TaU6	*TaLOX*2	45	原生质体	是
	否	ZmUbi1	U6	*Genomic DNA*	5.6	原生质体	否

 油棕抗寒研究

续表

| 物种 | Cas9 核酸酶 | | gRNA | | 突变效率
（%） | 转化材料或方法 | 是否得到成株 |
	密码子是否优化	启动子	启动子	靶基因			
玉米	是	2×CaMV35S	ZmU3	*ZmIPK*	16.4～19.1	原生质体	否
	是	ZmUbi	ZmU6-1	*RGN PSY*1	0.18～86.9	原生质体、幼胚	否
	是	2×CaMV35S	TaU3 OsU3 AtU6-26	*ZmHKT*1	14.5～60	原生质体	否
高粱	是	OsActin1	OsU6	*DsRED*2	27.8	幼胚	否
香蕉	否	PcUbi	OsU6a	*PDS*	55	悬浮细胞	否
矮牵牛	是	CaMV35S	AtU6	*PDS*	55.6～87.5	幼叶	否
苹果	是	2×CaMV35S	AtU6-1	*PDS*	31.8	叶片	否
甜橙	否	CaMV35S	CaMV35S	*PDS*	3.2～3.9	叶片	否
毛白杨	否	CaMV35S	AtU3b/3d AtU6-1 AtU6-29	*PDS*	51.7～89.3	叶盘	否
地钱	是	CaMV35S	MpU6-1	*MpARF*1	11.1	孢子	是

但是该技术在油棕育种中的实践应用还存在以下 2 个方面的难题有待解决。

（1）缺乏高效的组培再生和遗传转化体系。建立高效的遗传转化体系是应用 CRISPR/Cas 技术的前提。目前，绝大多数情况下，只有能够转基因的作物才可以进行 CRISPR/Cas 编辑，然而目前油棕的遗传转化效率很低，极大地制约了 CRISPR/Cas 技术在油棕中

166

的应用。为此，需要建立和完善油棕的转基因技术体系，实现油棕高效遗传转化和基因的快速导入。

（2）无 CRISPR/Cas 系统残留材料获得的技术障碍。在完成目标基因编辑后，如果 CRISPR/Cas 系统持续存在于基因组中，有可能会导致靶向位点之外的其他区域被编辑，引起不必要的变异。从编辑的作物中及时清除转基因片段是评估 CRISPR/Cas 编辑作物的遗传和表型稳定性的关键步骤。更为重要的是，含有 CRISPR/Cas 系统的编辑植株属于转基因作物范畴，难于为公众接受或通过商业化审批，因此，将 CRISPR/Cas 系统在其完成基因编辑功能之后及时从作物基因组中清除出去对于育种应用和功能基因研究都是极为有利的。如何高效快速获得没有转基因痕迹的编辑株系，是在多数作物中利用 CRISPR/Cas 技术进行新品种创制的关键。

目前，普遍应用自交或回交的方法清除编辑植株中的 CRISPR/Cas 转基因。然而对于高度杂合的油棕，其有性生殖后代性状分离度较高，在通过自交清除 CRISPR/Cas 残留过程中易因性状分离而丢失优良性状，很难在保持性状不变的前提下通过自交将外源 CRISPR/Cas 系统分离出去；此外，油棕周期较长，通过自交或回交分离 CRISPR/Cas 系统的周期也很长。因此，需要研发无转基因 CRISPR/Cas 技术，实现转基因当代直接获得不含有外源基因的编辑植株。

二、油棕抗寒基因高效挖掘和利用

诸多研究表明 *CBF* 转录因子在植物抗寒遗传改良中具有重要的应用价值，但应用基因工程改良热带作物抗寒性时仍需采用合理的技术策略，才能取得良好的应用效果。如在一些冷驯化植物的抗

寒基因工程中，组成型超量表达 CBF 抗寒相关转录因子提高抗寒性的同时，植株也表现出生长延迟、矮化及开花延后等不良性状，而应用诱导性启动子则能避免以上不良效果。因此，今后进行油棕抗寒遗传改良时，应注意选择合适的启动子。

有关研究表明植物受低温胁迫时 ICE 比 CBF 能更早的感受低温信号，可能作为植物低温胁迫的总开关激活诱导 CBF 的表达。迄今，在一些重要热带作物中关于 ICF 转录因子的结构和功能研究还鲜有报道。因此，今后在研究油棕低温应答机制时，可充分利用现代分子生物学技术，分离克隆有效的 ICF 基因，以便更好地为油棕抗寒基因工程育种服务。

越来越多的证据表明植物低温应答反应是一个涉及多基因、多信号途径的复杂过程。除转录调控外，泛素化、磷酸化、糖基化、脂基化、甲基化及乙酰化等翻译后修饰在植物低温应答反应中同样具有重要作用。如研究表明植物中 ICE 蛋白的转录活性受泛素化和 SUMO 化修饰的严格调控，主要包括 SIZ1（SAP and Miz 1）介导的 SUMO（small ubiquitin- related modifer）化修饰和 HOS1（high expression of osmoticallv responsive gene 1）介导的泛素化修饰。HOS1-SIZ1 介导的翻译后修饰系统精细严谨地调控着 ICE1-CBFs 途径相关基因的表达。然而，目前对于植物低温胁迫下转录因子的翻译后修饰研究相对薄弱，今后应优先考虑阐明翻译后修饰在植物抗寒相关转录因子功能调控中的作用机制。

目前对于植物响应低温应答生理及分子机制的研究主要集中于营养生长阶段，而对于植物生殖发育相关器官和组织响应低温应答的转录调控网络研究很少。同时，诸多研究也证实植物根、茎、叶及生殖器官对低温响应的生理及分子调控机制存在较大差异。因此。在油棕抗寒育种研究中应加强对其生殖发育阶段低温应答转录调控机制的研究。

鉴于诸多研究表明非编码 RNA 在植物低温胁迫中起重要调控作用，而对于油棕低温响应相关非编码 RNA 的研究尚属起步阶段，下一步应加大油棕低温响应相关非编码 RNA 的挖掘力度，并对相应的靶基因进行鉴定和功能验证，从转录后水平更加清晰的阐明油棕低温响应的分子机制。

同时，今后的油棕抗寒育种还应向以下 5 个方向发展。

（1）广泛收集抗寒品种并鉴定其抗寒性，充实抗寒种质资源。

（2）对现有抗寒品种进一步研究其抗寒机制，筛选抗寒种质创新利用。

（3）建立合适的抗寒锻炼机制，增强现有优良品种抗寒能力。

（4）太空育种获取抗寒种质。

（5）抗寒性与丰产性之间的平衡问题。

参 考 文 献

曹红星, 孙程旭, 冯美利, 等, 2011. 低温胁迫对海南本地油棕幼苗的生理生化响应 [J]. 西南农业学报, 24(4): 1282-1285.

陈礼培, 2006. 提高油棕大树移植成活及抗寒性的措施研究 [D]. 长沙: 湖南农业大学.

冯美利, 曾鹏, 刘立云, 2006. 海南发展油棕概况与前景 [J]. 广西热带农业 (4): 37-38.

林位夫, 曾宪海, 2014. 我国油棕创新研究与发展建议 [J]. 产业发展, 6(61): 4-8.

刘辉，李德军，邓治，2014. 植物应答低温胁迫的转录调控网络研究进展 [J]. 中国农业科学, 47(18)：3523-3533.

刘艳菊，曹红星，2015. 棕榈科植物抗寒、抗旱生理生化研究进展 [J]. 中国农学通报, 31(22)：46-50.

刘艳菊，林以运，曹红星，等，2016. 外源 ABA 对低温胁迫油棕幼苗生理的影响 [J]. 南方农业学报, 47(7)：1171-1175.

陆明金，魏定耀，王开玺，等，1991. 油棕杂交组合试验报告 [J]. 热带农业科学, 44(2)：14-21.

马明仙，2013. 简析以科技平台建设促推科研发展 [J]. 云南科技管理, 26(4)：132-137.

邵文玲，赵晓丹，汪岐禹，2015. 农业科研所创新型人才队伍建设 [J]. 管理观察, 571(8)：185-187.

时欢，林玉玲，赖钟雄，等，2018. Crispr/cas9 介导的植物基因编辑技术研究进展 [J]. 应用与环境生物学报, 24(3)：640-650.

陶新珍，叶良均，2009. 科研院所创新文化建设的制度思考 [J]. 科学与管理, 29(1)：17-22.

王洪春，1981. 植物抗性生理 [J]. 植物生理学通讯 (6)：72-81.

王开玺，杨创平，罗石英，等，1992. 海南岛作物 (植物) 种质资源考察文集 [M]. 北京 : 农业出版社 .

王荣富，1987. 植物抗寒指标的种类及应用 [J]. 植物生理学通讯 (3)：49-55.

位明明，李维国，高新生，等，2015. 中国热带作物抗寒育种研究进展与展望 [J]. 热带作物学报, 36(4)：821-828.

吴春太，陈青，刘锐，等，2012. 油棕 EST 序列中 SSR 的分布特征分析 [J]. 中国油料作物学报, 34(1)：101-105.

夏薇，肖勇，杨耀东，等，2014. 基于 NCBI 数据库的油棕 EST-SSR 标记的开发与应用 [J]. 广东农业科学 (2)：144-148.

肖勇，杨耀东，夏薇，等，2013. 25 个油棕 SSR 标记的开发及应用这些标记评估油棕资源的遗传多样性 [J]. 江西农业学报，25(12)：27-31.

杨凤军，李宝江，高玉刚，2003. 果树抗寒性的研究进展 [J]. 黑龙江八一农垦大学学报，15(4)：23-29.

姚行成，曾宪海，林位夫，2012. 简易高效油棕杂交方法研究 [J]. 广东农业科学 (13)：33-34.

姚行成，曾宪海，林位夫，2012. 油棕无壳种种子催芽育苗方法研究 [J]. 广东农业科学 (22)：38-39.

喻明，2007. 科研院所创新型人才队伍建设与管理研究 [J]. 武汉大学学报 (哲学社会科学版)，60(2)：120-124.

BADAWI M, REDDY Y V, AGHARBAOUI Z, et al., 2008. Structure and functional analysis of wheat ICE (inducer of *CBF* expression) genes [J]. Plant Cell Physiol, 49(8): 1237-1249.

BAILEY P C, MARTIN C, TOLEDO-ORTIZ G, 2003. Update on the basic helix-loop-helix transcription factor gene family in *Arabidopsis thaliana*[J]. The Plant Cell, 15(11): 2497-2502.

BARRERO-GIL J, SALINAS J, 2013. Post-translational regulation of cold acclimation response[J]. Plant Science, 205-206: 48-54.

BECK E H, HEIM R, HANSEN J, 2004. Plant resistance to cold stress: Mechanisms and environmental signals triggering frost hardening and dehardening[J]. Journal of Biosciences, 29(4): 449-459.

 油棕抗寒研究

BERTRAND A, CASTONGUAY Y, 2003. Plant adaptations to overwintering stresses and implications of elimate change[J]. Canadian Journal of Botanical, 81(12): 1145-1152.

BILLOTTE N, MARSEILLAC N, RISTERUCCI A M, et al., 2005. Microsatellite-based high density linkage map in oil palm (*Elaeis guineensis* Jacq.)[J]. Theoretical and Applied Genetics, 110(4): 754-765.

BLAIR M W, HURTADO N, CHAVARRO M C, et al., 2011. Gene-based SSR markers for common bean (*Phaseolus vulgaris* L.) derived from root and leaf tissue ESTs: an integration of the BMc series[J]. BMC Plant Biology, 11: 50.

BRACCO M, LIA V V, GOTTLIEB A M, et al., 2009. Genetic diversity in maize landraces from indigenous settlements of Northeastern Argentina[J]. Genetica, 135: 39-49.

CHINNUSAMY V, ZHU J K, SUNKAR R, 2010. Gene regulation during cold stress acclimation in plants[J]. Methods in Molecular Biology, 39(6): 39-55.

COCHARD B, ADON B, RELIMA S, et al., 2009. Geographic and genetic structure of African oil palm diversity suggests new approaches to breeding[J]. Tree Genet Genomes, 5: 493-504.

DAMATTA F M, RAMALHO J D C, 2006. Impacts of drought and temperature stress on coffee physiology and production: a review[J]. Brazilian Journal of Plant Physiology, 18(1): 55-81.

DAS G, RAO G J, 2015. Molecular marker assisted gene stacking for biotic and abiotic stress resistance genes in an elite rice cultivar[J].

Front Plant Science, 6: 698.

DENG J M, JIAN L C, 2001. Advances of studies on plant freezing-tolerance mechanism: freezing tolerance gene expression and its function[J]. Chinese Bulletin of Botany, 18(5): 521-530.

ELOI I B O, MANGOLIN C A, SCAPIM C A, 2012. Selection of high heterozygosity popcorn varieties in Brazil based on SSR marker[J]. Genetics and Molecular Research, 11(3): 1851-1860.

ENSMINGER I, BUSCHA F, HUNERA N P A, 2006. Photostasis and cold acclimation: sensing low temperature through photosynthesis[J]. Physiologia Plantarum, 126: 28-44.

EUJAY I, SLEDGE M K, WANG L, 2004. Medicago truncatula EST-SSRs reveal cross-species genetic markers for *Medicago* spp.[J]. Theoretical and Applied Genetics, 108: 414-422.

FENG S, HE R, LU J, et al., 2016. Development of SSR markers and assessment of genetic diversity in medicinal chrysanthemum morifolium cultivars [J]. Plant Genetics and Genomics, 7: 113.

FLOWER S, THOMASHOW M F, 2002. Arabidopsis transcriptome indicates that multiple regulatory pathways are activated during cold acclimation in addition to the CBF cold response pathway [J]. Plant Cell, 14(8): 1675-1690.

GAO X, ZHOU L B, ZHANG G B, et al., 2015. Genetic diversity and population structure of grain sorghum germplasm resources based on SSR marker [J]. Guizhou Agricultural Sciences, 44(9): 13-19.

GILMOUR S J, ZARKA D G, STOCKINGER E J, 1998. Low temperature regulation of the *Arabidopsis CBF* family of *AP2*

transcriptional activators as an early step in cold-induced COR gene expression[J]. The Plant Journal, 16(4): 433-442.

KUMA R M, CHOI J Y, KUMARI N, et al., 2015. Molecular breeding in Brassica for salt tolerance: importance of microsatellite(SSR) markers for molecular breeding in Brassica. Front Plant Science, 6: 688.

LATA C, PRASAD M, 2011. Role of *DREBs* in regulation of abiotic stress responses in plants[J]. Journal of Experimental Botany(11): 1-18.

LEI X, XIAO Y, XIA W, et al, 2014. RNA-Seq analysis of oil palm under cold stress reveals a different C-repeat binding factor(*CBF*) mediated gene expression pattern in *Elaeis guineensis* compared to other species[J]. PloS One, 9(12): e114482.

LICAUSI F, OHME-TAKAGI M, PERATA P, 2013. APETALA2/Ethylene responsive factor(*AP2/ERF*)transcription factors: Mediators of stress responses and developmental programs[J]. New Phytologist, 199(3): 639-649.

LIU Q, KASUGA M, SAKUMA Y, 1998. Two transcription factors, DREB1 and DREB2, with an *EREBP/AP2* DNA binding domain separate two cellular signal transduction pathways in drought and low temperature responsive gene expression, respectively, in *Arabidopsis*[J]. The Plant Cell, 10(8): 1391-1406.

LOW E T, ALIAS H, BOON S H, et al., 2008. Oil palm (*Elaeis guineensis* Jacq.) tissue culture ESTs: identifying genes associated with callogenesis and embryogenesis[J]. BMC Plant Biolgy, 8: 62.

MAI J, HERBETTE S, VANDAME M, et al., 2009. Effect of chilling on photosynthesis and antioxidant enzymes in *Hevea brasiliensis* Muell. Arg.[J]. Trees, 23(4): 863-874.

NEI M, 1973. Analysis of gene diversity in subdivided populations [J]. Proceedings of the National Academy of Sciences, 70: 3321-3323.

NOVILLO F, ALONSO J M, ECKER J R, et al., 2004. CBF2/DREB1C is a negative regulator of CBF1/DREB1B and CBF3/DREB1A expression and plays a central role in stress tolerance in *Arabidopsis*[J]. PNAS, 101(11): 3985-3990.

PLAZEK A, HURA K, ZUR I, et al., 2003. Relationship between frost tolerance and cold-induced resistance of spring barley, meadow fescue and winter oilseed rape to fungal pathogens[J]. Journal of Agronomy and Crop Science, 189(5): 333-340.

RIFE C L, ZEINALI H, 2003. Cold tolerance in oilseed rape over varying acclination durations[J]. Crop Science, 43(1): 96-100.

RISTIC Z, ASHWORTH E N, 1993. Changes in leaf ultrastructure and carbohydrates in *Arabidopsis thaliana* L. (Heyn) cv. Columbia during rapid cold acclimation[J]. Protoplasma, 172: 111-123.

SETSUKO S, UCHIYAMA K, SUGAI K, 2011. Rapid development of microsatellite markers for pandanus boninensis(*Pandanaceae*)by pyrosequencing technology[J]. American Journal of Botany, 99(1): e33-7.

SOLTESZ A, SMEDLEY M, VASHEGYI I, et al., 2013. Transgenic barley lines prove the involvement of *TaCBF*14 and *TaCBF*15 in the cold acclimation process and in frost tolerance[J]. Journal of

Experimental Botany, 64(7): 1849-1862.

TRANBARGER T J, DUSSERT S, JOET T, et al., 2011. Regulatory mechanisms underlying oil palm fruit mesocarp maturation, ripening, and functional specialization in lipid and carotenoil metabolism. Plant Physiology, 156: 564-584.

UEMURA M, JOSEPH R A, STEPONKUS P L, 1995. Cold acclimation of *Arabidopsis thaliana*[J]. Plant Physiology, 109: 15-30.

WRIGHT S, 1965. The interpretation of population structure by F-statistics with special regard to systems of mating[J]. Evolution, 19(3): 395-420.

XIAO Y, FAN H K, MA J W, et al., 2018. Comprehensive analysis of the NAC gene family in *Elaeis guineensis*[J]. Plant Omics Journal, 11(3): 120-127.

XIAO Y, ZHOU L X, LEI X T, et al., 2017. Genome-wide identification of *WRKY* genes and their expression profiles under different abiotic stresses in *Elaeis guineensis*[J]. Plos One, 12(12): e0189224.

XIAO Y, ZHOU L, XIA W, et al., 2014. Exploiting transcriptome data for the development and characterization of gene-based SSR markers related to cold tolerance in oil palm(*Elaeis guineensis*)[J]. BMC plant biology, 14(1): 384.

XIONG H B, CAO H X, SUN C X, et al., 2010. The progress and prospects of oil palm breeding[J]. Chinese Agricultural Science Bulletin, 26(2): 277-279.

ZHAN Y F, WANG H, ZHANG W P, 2015. Genetic diversity of pepper germplasm resources in Guizhou[J]. Guizhou Agricultural Sciences, 43(10): 1-7.

ZHANG J, MA W G, SONG X M, et al., 2014. Characterization and development of EST-SSR markers derived from transcriptome of yellow catfish[J]. Molecules, 19(10): 16402-16415.

ZHAO J, LIU J G, WU Q J, et al., 2015. Kernel oil content and genetic diversity of upland cotton germplasm[J]. Jiangsu Journal of Agricultural Sciences, 31(5): 975-983.

ZHAO Y L, WANG H M, SHAO B X, et al., 2016. SSR-based association mapping of salt tolerance in cotton (*Gossypium hirsutum* L.)[J]. Genetics and Molecular Research, 15(2): gmr.15027370.

致　谢

　　本书的出版得到了农业农村部物种品种资源保护费项目"油棕等棕榈科种质资源收集保存及创新利用"（18200039）、农业农村部物种资源保护（农作物）项目"棕榈种质资源收集、鉴定、编目、繁殖与分发利用"（2021NWB048）、中国热带农业科学院中央级公益性科研院所基本科研业务费项目"热带木本油料新品种选育"（1630152017008）、"重要热作种质资源收集、保存、评价和创新利用团队——棕榈种质鉴定"（1630152017004）和中国热带农业科学院中央级公益性科研院所基本科研业务费项目"基于基因编辑技术的油棕 *WUS* 基因功能验证"（1630052021028）的资助，特此致谢。